# Manual de coaching de bem-estar e saúde

# Manual de coaching de bem-estar e saúde

Luciana
Oquendo
Pereira
Lancha

Antonio
Herbert
Lancha Jr.

Manole

*Copyright* © 2017 Editora Manole Ltda.,
conforme contrato com os autores.

**Editora gestora**
Sônia Midori Fujiyoshi

**Capa**
Daniel Justi

**Editora responsável**
Ana Maria da Silva Hosaka

**Imagem de capa**
iStock

**Produção editorial**
Marília Courbassier Paris
Jacob Paes

**Projeto gráfico e diagramação**
Jacob Paes

**Dados internacionais de catalogação na publicação (CIP)
(Câmara Brasileira do Livro, SP, Brasil)**

Lancha, Luciana Oquendo Pereira
    Manual de coaching de bem-estar e saúde / Luciana
Oquendo Pereira Lancha, Antonio Herbert Lancha Jr. –
Barueri: Manole, 2017.

    Bibliografia
    ISBN: 978-85-204-5342-1

    1. Carreira profissional - Desenvolvimento 2. Coaching 3.
Desenvolvimento pessoal 4. Relações interpessoais 5. Trabalho –
Bem-estar I. Lancha, Luciana Oquendo Pereira. II. Título.

17-06096                                                CDD-650.13

**Índices para catálogo sistemático:**
1. Coaching: Carreira profissional:
Desenvolvimento: Administração 650.13

Todos os direitos reservados.

Nenhuma parte deste livro poderá ser reproduzida, por qualquer processo, sem a permissão expressa dos editores.

É proibida a reprodução por xerox.

A Editora Manole é filiada à ABDR – Associação Brasileira de Direitos Reprográficos.

1ª edição – 2017

**Editora Manole Ltda.**
Avenida Ceci, 672 – Tamboré
06460-120 – Barueri – SP – Brasil
Fone: (11) 4196-6000
www.manole.com.br

Impresso no Brasil | *Printed in Brazil*

Durante o processo de edição desta obra, foram tomados todos os cuidados para assegurar a publicação de informações precisas e de práticas geralmente aceitas. Do mesmo modo, foram empregados todos os esforços para garantir a autorização das imagens aqui reproduzidas. Caso algum autor sinta-se prejudicado, favor entrar em contato com a editora.

As informações contidas nesta obra são de responsabilidade dos autores. O profissional, com base em sua experiência e conhecimento, deve determinar a aplicabilidade das informações em cada situação.

# Sumário

Apresentação
VII

1. Como provocar mudanças duradouras no estilo de vida do seu cliente — **1**

2. Por que mudamos, ou por que não mudamos? — **7**

3. Estágio de mudança — **21**

4. Ferramentas adicionais — **75**

5. Questões adicionais — **93**

6. Conclusão — **97**

Referências
101

# Apresentação

**A FORMA DE AJUDAR** as pessoas a encontrarem o caminho para seus desejos de desempenho esportivo, forma física, cuidado com a saúde etc. sempre foi acompanhada de desafios entre o que a ciência propõe e o mundo real que o indivíduo comum é capaz de fazer.

Na busca de uma linguagem que aproximasse esses dois mundos, ao longo de mais de 20 anos, percebemos que identificar o que de fato estimula cada de um de nós a promover mudanças em nossos comportamentos representa o gatilho para este processo. Sob o ponto de vista do profissional de saúde, assistimos colegas de diversas áreas sofrendo sem de fato conseguir com que os seus clientes seguissem suas orientações e prescrições para os aliviar das queixas que tanto os atormentavam.

Foi assim que surgiu essa forma contemporânea de atuação do profissional de saúde no modelo de coach. A formação tradicional prepara os profissionais de saúde como conselheiros (*counselor*) ou mentores. Com isso o profissional detém a informação, sendo o cliente passivo no processo, por isso o termo paciente – aquele que tem paciência, é sereno, conformado. O mundo mudou e este cliente não é mais paciente. Ele é envolvido no processo, detém a informação e quer participar na tomada de decisão. O coach leva em consideração essas variáveis, sem abrir mão da sua formação e do seu conhecimento, mas utilizando-a, quando autorizado, no processo de tomada de decisão na relação coach-coachee. Essa nova abordagem requer mudança de postura e aquisição de habilidades no relacionamento com o cliente. Este agora não senta mais do outro lado da mesa, mas sim ao lado do profissional de saúde.

Muitos pesquisadores dessa área, assim como nós, acreditam que a atuação nesse modelo requer incorporação de princípios e valores – *walk the talk*. Um exemplo diz respeito a um princípio fundamental do coach, o não julgamento (*no judgment*). O julgamento cria separação entre o certo e o errado. Se individualmente praticamos o julgamento no nosso dia a dia, será um desafio enorme aplicar o não julgamento na relação com o cliente e, sendo assim, nos separaremos dele na tomada de decisão.

O termo coach representa o treinador, o instrutor ou ainda treinar e ensinar. O processo de coaching possui início, meio e fim, e tem a visão do presente projetando ações a serem tomadas no futuro. Não busca os motivos que levaram o paciente até aquela situação, mas quais os passos a serem dados para a solução da contenda. Junto com o couchee (aluno ou aprendiz), desenvolve o processo orientado ao destino estabelecido no início do projeto.

Nos últimos encontros anuais do American College of Sports Medicine (ACSM), sessões dedicas ao coach voltado para profissionais de saúde discutem a eficácia dessa forma de atuação e como diversas instituições de ensino e pesquisa em todo o planeta vem incorporando essa técnica nas mais variadas áreas da saúde.

Com o propósito de instrumentalizar os diversos profissionais de saúde a lidar de forma mais resolutiva com os seus clientes, decidimos compartilhar nesta obra as ferramentas aplicáveis em diversas situações. Ao nosso ver, uma capacitação competente associada ao domínio de técnicas e incorporando o não julgamento, comunicação não violenta, mente voltada ao momento presente (*mindfull*), dentre outros fatores, levará o profissional de saúde a uma nova abordagem na relação com seu cliente.

*Os autores*

# Como provocar mudanças duradouras no estilo de vida do seu cliente  1

## Introdução

**AS MUDANÇAS DE COMPORTAMENTO** são um desafio para a humanidade desde a sua existência. Um exemplo disso é a obesidade. Ao longo dos séculos, a busca pela redução da gordura corporal vem fazendo com que a população mundial busque por atalhos para conter a pandemia de obesidade, que exerce efeito devastador na saúde pública e é responsável, direta ou indiretamente, por mais da metade das mortes em todo o planeta (Mokdak et al., 2004). Nas últimas décadas a obesidade é definida como uma epidemia ou pandemia por atingir níveis alarmantes em diversos países ao redor do mundo (Polivy e Herman, 2006).

Os desafios passam pela caracterização das causas, alcançando as formas de intervenção e a conduta profissional. Com o acesso à informação, hoje bastante democrático, a população se abastece das "suas verdades" e enfrenta os profissionais de saúde, que preservam o papel tradicional de conselheiro de seus pacientes. Essa abordagem clássica de aconselhamento tem sido estudada e vinculada ao enfraquecimento do profissional de saúde.

O primeiro passo para essa desvinculação é o empoderamento do cliente na tomada de decisão. As dietas, por exemplo, já se mostraram incompetentes nessa luta, uma vez que o número elevado dessas técnicas no mundo não impede que a população obesa pare de crescer. Estudos revelam que o hábito de fazer dietas frequentemente agrava as variáveis associadas à obesidade (Field et al., 2003), ou seja, em vez de se mostrarem uma tática na luta contra a obesidade, as dietas geraram outros problemas na relação indivíduo-alimento. Da mesma forma, estudos mostram que 80% dos pacientes que recebem prescrição para tomar medicamento para controlar o colesterol não o tomam (Duhigg, 2013).

Dessa maneira, este livro tem como finalidade instrumentalizar o profissional de saúde com técnicas e abordagens que o auxiliem em seu atendimento, com o objetivo de transformar a maneira como seu paciente se relaciona com a sua própria saúde e como cuida dela, estimulando a sua motivação e ajudando-o a lidar com a sua resistência e a promover, de fato, mudanças sustentáveis e duradouras. Cabe uma ressalva muito importante: muitas das técnicas sugeridas aqui dependem de uma nova postura do ser humano trajado de profissional de saúde no consultório, na clínica, no ambulatório etc. Portanto, antes de tentar colocar em prática no atendimento algumas dessas técnicas (como a do não julgamento, a ACBD, a escuta ativa, entre outras, descritas mais adiante), o profissional deve aplicá-las no seu dia a dia. Quem não consegue fazer isso no seu cotidiano também não irá conseguir "ligar" o modo empatia ao entrar no consultório. Ou o profissional é um ser humano assim ou não.

## Contexto

**APESAR DO ADVENTO DA TECNOLOGIA MODERNA**, as pessoas possuem menos tempo livre, trabalham mais, estão cada vez mais estressadas e mais doentes, o que envolve todo o sistema de saúde – planos médicos, academias, profissionais da área, faculdades etc.

Estudos mostram que as raízes da doença estão em comportamentos como o tabagismo e a inatividade física, sendo que esta última mata ainda mais do que o tabaco, o estresse, a má alimentação e a má qualidade do sono (Mokdad et al., 2004). Portanto, podemos explicar a maioria das causas das doenças a partir de comportamentos simples ligados aos hábitos de estilo de vida. Dessa forma, a melhor maneira de combater essas doenças é por meio da mudança de comportamento.

Grande parte do dinheiro utilizado para tratar doenças provocadas pelo estilo de vida poderia ser economizada se as empresas tivessem funcionários com hábitos mais saudáveis. Milhares de dólares são gastos atualmente com políticas de incentivo a prática de exercícios físicos, alimentação saudável e controle de estresse, mas muitas vezes esses serviços ficam ociosos, porque, apesar da facilidade, os funcionários não se engajam nesse processo. O departamento de recursos humanos (RH) das empresas não encontra justificativa para a falta de motivação daqueles funcionários que não aproveitam as facilidades que lhe são oferecidas na busca por uma vida mais saudável. Esse é só um exemplo do desafio que é para o ser humano colocar em prática ações que ele sabe que vão trazer melhorias na sua vida, mas mesmo assim não o faz.

Estudos mostram que não é possível mudar um hábito e talvez esse seja o grande desafio. A melhor forma de encontrar novos resultados é desenvolvendo e fortalecendo novos hábitos. Para isso é preciso que o próprio indivíduo encontre suas motivações, suas razões e sua forma de fazer isso. No entanto, a maneira como os profissionais de saúde aprendem a atuar, resolvendo problemas mais agudos de forma intervencionista, não favorece o surgimento desses novos hábitos nos pacientes (O'Neil et al., 2014). Por exemplo, é possível tratar o diabete tipo 2 simplesmente alterando a dieta e aumentando a prática de exercício; nesse caso, os médicos não vão apenas receitar um hipoglicemiante oral para tratar a doença, mas realmente melhorar a forma como os pacientes podem cuidar de si e a maneira como eles podem influenciar a sua própria saúde (O'Hara et al., 2014). Esse conceito se baseia na literatura do coaching, em que na relação entre um coach (profissional de saúde) e um coachee (cliente), é o coachee quem conduz seu próprio processo de mudança.

Quando profissionais de saúde praticam e vivem através da medicina de estilo de vida eles transferem a responsabilidade do profissional de saúde ao paciente. O profissional não vai dizer ao paciente o que fazer, e sim buscar junto com ele uma alternativa; o profissional de saúde irá negociar a prescrição com o seu paciente. Há uma importante citação de Margareth Moore (2010), da Wellcoaches, que explica claramente essa mudança: "a forma como os médicos se comportam normalmente é como se lutassem com os seus pacientes, mas quando eles entram no relacionamento de coaching e estilo de vida, eles dançam com seus pacientes".

Médicos ou profissionais de saúde podem deter e compartilhar com seus pacientes o conhecimento, e até mesmo agir como uma autoridade, mas transferir a responsabilidade das decisões para seus pacientes concede uma maior autonomia a eles, diminuindo o estresse e a pressão desses profissionais. Nesse sentido, propomos deixar de chamar esse indivíduo de paciente e passar a chamá-lo de cliente, pois ele não é mais passivo no processo, é ativo: chega cheio de informação e quer, e pode, participar das decisões sobre o que será feito e qual caminho será adotado.

Atualmente, um dos problemas de saúde mais evidentes é a prevalência mundial de sobrepeso e obesidade. Nos Estados Unidos, por exemplo, os problemas de saúde associados à obesidade são a principal causa de mortalidade, perdendo apenas para as doenças associadas ao tabagismo. A necessidade de perder peso é bem compreendida, no entanto, o processo é difícil, e uma estimativa revela que menos de 1 em 100 pessoas são bem-sucedidas em conseguir manter a perda de peso (Fields et al., 2015). Ironicamente, Field et al. (2003) demonstraram que, em quase 17 mil crianças com idades entre 9-14 anos, fazer dieta restritiva foi um preditor significativo de ganho de peso. Além disso, o risco de compulsão alimentar também cresce com o aumento da frequência de se submeter a dietas restritivas. Os autores concluíram que "[...] a longo prazo, fazer dieta para controlar o peso não é eficaz, pode realmente promover o ganho de peso" (Field et al., 2003, p. 905 – tradução livre dos autores).

Mann et al. (2007), em seu artigo "Diets are not the answer" (em tradução livre, "dietas não são a resposta"), avaliaram 31 estudos sobre os resultados a longo prazo das dietas de restrição de calorias e concluíram que elas são um preditor consistente de ganho de peso. Eles observaram que até 2/3 das pessoas recuperaram mais peso do que haviam perdido. O ganho de peso, assim como o efeito "sanfona" (perde e ganha), também está associado a problemas de saúde, como o risco aumentado de infarto do miocárdio, acidente vascular cerebral, diabete e redução de HDL colesterol. Assim, o sobrepeso não é só uma ameaça à saúde; repetidas tentativas de perder peso, aparentemente, podem contribuir para outros problemas de saúde.

O que fazer, então? Como ajudar o cliente a encontrar uma maneira sustentável de se alimentar capaz de promover uma perda contínua e manutenção do novo peso corporal? Estudos têm demonstrado que o uso de diversas técnicas de coaching – entrevista motivacional, balanço decisório (Botelho, 2004), psicologia positiva (Seligman, 2004), ambivalência, *mindfulness* (Samuelson et al., 2007), estratégias para mudança de hábitos (Duhigg, 2013) – no auxílio à busca e incorporação de novos hábitos e novo estilo de vida traz resultados mais duradouros. No artigo "Improving nutritional habits with no diet prescription: details of a nutritional coaching process[1]", os autores Lancha, Sforzo e Pereira-Lancha (2016) descrevem técnicas de coaching nutricional capazes de promover mudanças na alimentação e no estilo de vida do cliente sem prescrição de dieta, algumas das quais serão descritas nos próximos capítulos deste manual.

---

[1] Em português: "Melhorando hábitos nutricionais sem prescrição dietética: detalhes do processo de coaching nutricional".

# Por que mudamos, ou por que não mudamos? 2

## Introdução

**VIVEMOS HOJE O PARADOXO** da saúde: nunca se gastou tanto com propagandas, desenvolvimento de novos produtos, novas dietas, novas fórmulas e, ao mesmo tempo, nunca a população mundial esteve tão acima do peso. Isso é consequência de alguns fatores, como:

- Muitas tarefas no dia a dia.
- Acesso à enorme variedade de produtos e serviços, mas com pouca personalização do processo.
- Obstáculos para mudar, confusão com tanta informação, resistência, ambivalência.
- Histórias pregressas de fracasso.

As pessoas têm cada vez menos tempo para cuidar da sua alimentação, de praticar atividades físicas e, como dizia o físico Albert Einstein, "é mais fácil quebrar um átomo, do que mudar um hábito".

## Mudança

**OS PROFISSIONAIS DE SAÚDE** aprendem e acreditam que as pessoas mudam por uma teoria chamada de 3 Fs, criada pelo autor Alan Deutschman. Os 3 Fs dizem respeito às palavras *facts* (fatos), *fear* (medo) e *force* (força). Normalmente, são listadas aos pacientes todas as consequências para a saúde causadas pelo sobrepeso, todas as estatísticas de risco. Gostamos de acreditar que somos racionais, que informação gera mudança, que conhecimento é poder e que o medo muda. Mas será que as pessoas realmente não sabem que excesso de gordura corporal faz mal à saúde? Claro que sabem. No livro *Mude ou morra*, Deutschman (2007) traz vários relatos de estudos que mostram que mesmo após um grave problema de saúde, como um infarto, as pessoas mudam por pouco tempo (Ornish, 1998). Cerca de 2 anos após o evento, 80 a 90% dos pacientes voltaram aos hábitos antigos, não saudáveis. O autor coloca, então, que nem o medo de morrer é capaz de promover mudanças duradouras e significativas. Por que isso ocorre? Existem algumas explicações:

- **NEGAÇÃO.** As pessoas não conseguem lidar com os fatos. Ninguém fica pensando toda vez que olha para a manteiga que, se comer isso, vai morrer. A mente, por defesa, bloqueia esse pensamento de morte ou as estatísticas ruins.
- **ABORDA-SE A SOLUÇÃO E NÃO O PROBLEMA.** Beber, comer e fumar na maioria das vezes não é o problema, e sim a solução que a pessoa encontrou para lidar com ansiedades

e frustrações do dia a dia. O desafio é ajudá-la a encontrar outras formas de relaxar que não tomar uma dose de uísque todos os dias quando chegar exausta do trabalho.

- **MUDANÇA INVALIDA ANOS DE COMPORTAMENTO ANTERIOR.** É comum as pessoas pensarem: "Se eu fosse capaz de emagrecer agora (ou parar de fumar), por que não teria feito isso antes?". Esse tipo de cobrança muitas vezes não é consciente, mas acontece. Nesse caso, ajudar o cliente a perceber que o ser humano está em constante mudança, que o que é possível hoje talvez não fosse no passado por ele estar em outro momento, é fundamental.

- **FALTA DE ESPERANÇA E DE CONFIANÇA NA CAPACIDADE DE MUDAR.** As pessoas que querem emagrecer já tentaram, na sua maioria, passar por esse processo diversas vezes. "Você é a minha última esperança!" é uma frase comumente ouvida pelos profissionais de saúde. A falta de confiança no processo e em si mesmo também é um fator determinante nesse caminho.

Dessa forma é fácil concluir que discussões racionais e lógicas raramente produzem mudança e podem ainda aumentar a resistência. Quem nunca tentou convencer um familiar ou amigo a fazer alguma mudança de comportamento e fracassou? Como ajudar, então? Qual o caminho da mudança? A resposta pode estar em um processo conhecido como 3 Rs: relação, repetição e reestruturação (Deutschman, 2007), apresentados a seguir.

- **RELAÇÃO:** ter um novo relacionamento emocional com alguém ou algum grupo que traga de volta a esperança de que a mudança é possível. Voltar a acreditar que há outra solução para os problemas. Criar *rapport* (vínculo) é o primeiro e mais importante passo na construção desse novo caminho.

- **REPETIÇÃO:** essa nova relação deve ajudar o cliente a aprender, praticar, adquirir ferramentas e habilidades para a mudança.
- **REESTRUTURAÇÃO:** o cliente deve ser capaz de aprender novas formas de pensar (*mindset*) a partir dessa nova relação, reestruturando a forma como ele se relaciona com e vê a vida, a alimentação, o controle de estresse etc.

> **❶ Dica**
>
> Relação, repetição e reestruturação são termos ligados a esperança renovada, novas habilidades, nova forma de pensar. Só assim construiremos soluções duradouras, e não temporárias, com data para acabar.

## Como estabelecer uma nova relação?

**EXISTE UMA FRASE QUE** diz: "o cliente não se importa com o quanto você sabe, até que ele saiba o quanto você se importa". Nessa hora ser carismático é fundamental e para isso é preciso verdadeiramente se importar com o outro ser humano, é preciso que isso seja sincero e honesto. Aqui, os profissionais de saúde devem se perguntar se realmente se importam com as pessoas: "se o porteiro do meu prédio falta por dois dias, eu me preocupo em saber se ele está bem?", "se alguém que trabalha na minha clínica ou academia está acima do peso, eu já ofereci apoio a ele?". Agir dessa forma requer um *mindset*, não dá para ser uma pessoa fora do atendimento e outra na presença dos clientes. Para estabelecer essas relações é importante:

- **TER UMA BOA COMUNICAÇÃO.** Sinceridade, contato visual, boa energia, tom de voz adequado, sentimento de conexão, estar confortável e relaxado durante a conversa, ter escuta ativa, dar suporte e usar comunicação positiva são itens fundamentais. Ter escuta ativa significa estar realmente atento e conectado ao cliente, escutando todas as maneiras que ele tem de se comunicar, sem julgá-lo. Apenas 7% da nossa comunicação é feita com palavras, o restante é feito pela postura corporal, pelo tom de voz e pela expressão facial; se não estiver 100% focado e praticando escuta ativa, o profissional perde boa parte do que o cliente está comunicando. Um hábito comum é o de começar a pensar na resposta que será dada enquanto a pessoa fala. Ao fazer isso, desconecta-se do que o outro está comunicando. Alguns estudos mostram que o profissional de saúde interrompe a fala de seu cliente a cada 30 segundos; isso é um outro grande exemplo do que *não* fazer quando se quer praticar escuta ativa.

- **GERAR EMPATIA.** Falar bom-dia e sorrir podem fazer a diferença. Mas é preciso se atentar para o fato de que empatia é diferente de ser simpático. O profissional de saúde tem a tendência de querer sentir o sofrimento de seu cliente, sofrer a dor dele. Empatia não é isso! Ninguém consegue sentir o que o outro está sentindo. Ser empático exige que o profissional fique vulnerável e, muitas vezes, o relato do cliente faz com que o profissional se conecte com seus sentimentos e emoções. O profissional deve se lembrar de nunca dizer "eu sei o que você está sentindo", porque de fato não se sabe, por mais que já se tenha vivido algo semelhante. Nessa hora não adianta tentar dourar a pílula, mostrando que apesar do sofrimento há um lado positivo, pois isso menospreza a dor do outro. Nunca se começa uma frase empática com "ao menos"; por exemplo, o cliente se queixa que não emagreceu e o profissional responde: "ao menos você melhorou sua alimentação e está mais saudável".

Outra maneira de estabelecer esse vínculo, definida por Marshall Rosenberg (2006), é usando comunicação não violenta, forma eficaz e empática de comunicar. Para isso, é preciso fazer:

- **DISTINÇÃO ENTRE OBSERVAÇÕES E JUÍZOS DE VALOR.** Saber observar as atitudes e os comportamentos sem julgamentos.
- **DISTINÇÃO ENTRE SENTIMENTOS E OPINIÕES.** O fato de duas pessoas terem opiniões diferentes não quer dizer que elas não gostem uma da outra.
- **DISTINÇÃO ENTRE INTENÇÃO E IMPACTO.** Muitas vezes nos ofendemos com a fala de alguém, mesmo que a intenção dela não tenha sido a de nos ofender. Existe uma diferença entre a intenção das pessoas e o impacto que aquilo tem em nós.
- **DISTINÇÃO ENTRE PEDIDOS E EXIGÊNCIAS/AMEAÇAS.** "Se você não seguir minha prescrição, você pode piorar sua dor". Isso não é um pedido, é uma ameaça.

O grande desafio é desenvolver essa forma de comunicação na rotina diária. Segundo Kabat-Zinn (2013, p. 166):

> Quando estamos absorvidos em nossos pensamentos, em nossas agendas, em nosso ponto de vista, é impossível ter uma comunicação genuína. Nós facilmente nos sentimos ameaçados por qualquer pessoa que não veja as coisas como nós... e ao nos sentirmos

ameaçados, tendemos a encarar o diálogo como uma batalha, em que seremos nós contra a outra pessoa. E isso torna a comunicação muito difícil.

Hoje em dia o profissional de saúde é sempre muito questionado por seus clientes, que já chegam para as consultas cheios de informações. Se não houver cuidado, cada consulta vira uma batalha na qual o profissional vai tentar convencer o cliente do que é certo e errado, do que ele deve ou não fazer. Só que as pessoas não resistem à mudança, elas resistem a serem mudadas. O profissional de saúde não é capaz de convencer ninguém a fazer o que não quer ou o que não acredita por muito tempo. O que atrapalha a comunicação muitas vezes é a necessidade que ele tem de ser expert; de fazer julgamentos; de ser necessário ao processo; de assumir a responsabilidade do cliente e achar que tem a solução. Para promover mudança, a comunicação tem de restabelecer a esperança de que o cliente pode resolver seus próprios problemas, encorajando-o a tentar novas opções e a aprender novas habilidades e formas de pensar.

A diferença da abordagem do expert e do coach, apresentada no Quadro 2.1, transforma completamente a relação entre o profissional de saúde e seu cliente.

**QUADRO 2.1** Diferenças entre a abordagem do expert e a do coach.

| Abordagem do expert | Abordagem do coach |
|---|---|
| Tem autoridade | É parceiro |
| Atua como educador | Atua como facilitador de mudança |
| Define a agenda | Vê a agenda do cliente |

*(continua)*

| QUADRO 2.1 | Diferenças entre a abordagem do expert e a do coach. *(continuação)* |

| Abordagem do expert | Abordagem do coach |
|---|---|
| Sente-se responsável pela saúde do cliente | Acredita que o cliente é responsável por sua própria saúde |
| Resolve problemas | Encoraja possibilidades |
| Foca no que está errado | Foca no que está certo |
| Tem as respostas | Codescobre respostas |
| Interrompe desvios de tópico | Aprende com as histórias do cliente |

## Técnicas de comunicação

**UMA DAS FORMAS PARA** que o profissional de saúde alcance uma boa comunicação e ajude o seu cliente no processo de mudança é usar a entrevista motivacional, de modo a utilizar questões que provoquem reflexões no cliente. Um ponto fundamental e que é um desafio para alguns profissionais de saúde é saber conviver com o silêncio durante consultas ou sessões. Ao fazer perguntas que trazem reflexão, muitas vezes o cliente demora para responder e o profissional tende a falar algo, para romper o silêncio, acreditando que isso pode ajudar a esclarecer os pensamentos do cliente, o que não é verdade. Os maiores *insights* acontecem durante os momentos de silêncio e o desafio é aprender a não se sentir desconfortável com esses momentos. Ao quebrar o silêncio, muitas vezes se rompe o raciocínio do cliente, interrompendo uma construção mental que poderia estar levando-o a identificar pontos que até então estavam obscuros.

## Perguntas abertas (PA)

**AS PERGUNTAS ABERTAS (PA)** são aquelas que levam o cliente a raciocinar em vez de responder sim ou não (respostas para as perguntas fechadas – PF). Dessa forma o cliente conta uma história, pensa e coloca tudo junto. Ele se escuta e isso estimula a participação ativa. Além disso, esse tipo de pergunta traz informações importantes e úteis para o profissional que, nesse momento, deve ter a mente aberta, ser curioso. O professor Jon Kabat-Zinn (2013) costuma dizer: "tenha sempre o olhar de uma criança, curioso e ao mesmo tempo puro, sem julgamentos". O Quadro 2.2 mostra alguns exemplos.

**QUADRO 2.2** Exemplos de perguntas abertas (PA).

| Pergunta fechada | Pergunta aberta |
| --- | --- |
| Você gosta de fazer exercício? | Conte-me um pouco sobre a sua experiência com atividade física |
| Você está preocupado com a sua saúde? | De que forma você enxerga seu estado de saúde hoje? O que preocupa você? |

## Afirmações

**ESTA TÉCNICA TEM COMO** finalidade fortalecer a confiança do cliente, aumentar seu engajamento, dar *feedback*. O que deve ser valorizado é:

- Esforço e não resultado.
- Solução de problemas.
- Processos.

Quando o cliente se programa para comer três frutas por dia, por exemplo, e consegue comer uma, deve-se valorizar o esforço, perguntar qual foi o processo e o que foi que ele fez para dar certo comer uma. Ao valorizar as forças dele, ele se sentirá motivado e capaz de continuar. Seguem alguns exemplos:

- "Eu sei que é difícil falar sobre isso, fico grato por você ter dividido isso comigo".
- "Regularizar seus lanches intermediários foi um passo importante que você deu" (mesmo que ele não tenha feito todos os lanches com perfeição).
- "Vejo como você está se dedicando para alcançar seus objetivos".

O profissional deve ter cuidado para não valorizar a conquista e em seguida usar a palavra "mas". O uso do "mas" desvaloriza tudo que ficou para trás dele, por exemplo, "você conseguiu melhorar seu consumo de frutas, mas não chegou a três frutas ao dia"; a mensagem que vai ficar para o cliente vai ser de que ele não conseguiu e, ao invés de sair motivado da consulta, ele pode ficar com a sensação de fracasso.

As palavras utilizadas na comunicação são muito importantes e podem ter um impacto tanto motivador quanto desmotivador. Por isso é preciso cuidado no diálogo com o cliente.

## Reflexões

**AS REFLEXÕES TÊM O OBJETIVO** de fazer o cliente ouvir o que acabou de dizer. É possível refletir o tom de voz do cliente, uma palavra, uma frase, uma emoção. Existem quatro tipos de reflexão. Seguem alguns exemplos:

- **SIMPLES.** Consiste em parafrasear o cliente; por exemplo, o cliente diz: "Eu não tenho tempo de me exercitar", o profissional responde: "Você está dizendo que não tem tempo de se exercitar".
- **AMPLIFICADA.** Consiste em amplificar a fala do cliente; por exemplo, o cliente diz: "Eu não tenho tempo de me exercitar", o profissional responde: "Você está dizendo que para você é impossível se exercitar".
- **VÁRIAS PERSPECTIVAS.** Consiste em mudar a perspectiva do cliente; por exemplo, o cliente diz: "Eu não tenho tempo de me exercitar", o profissional responde: "Você está dizendo que você não tem tempo de se exercitar, mas quando você ia à academia regularmente você se sentia melhor".
- **COM MUDANÇA DE FOCO.** Consiste em mudar o foco do cliente; por exemplo, o cliente diz: "Eu não tenho tempo de me exercitar", o profissional responde: "Vamos falar das aulas de dança que você estava fazendo. Me lembro de você dizer que saía mais relaxado da aula".

O importante na reflexão é usar o máximo possível as palavras do próprio cliente e refletir sempre com uma afirmação e não com uma pergunta. O profissional não deve se preocupar, pois se a frase estiver errada o próprio cliente irá corrigi-la. Quando se usa a reflexão amplificada, como no exemplo anterior, é muito comum o cliente dizer: "não, não falei que era impossível fazer atividade física"; nessa hora surge uma enorme chance para falar da atividade física sem que se tenha pressionado o cliente ou tentado convencê-lo de que isso era importante para ele. Quando ele diz que não foi isso que ele falou, o profissional pode dizer: "então não entendi bem, você poderia me explicar melhor?", e aí ele vai trazer os desafios e as possibilidades, que podem ser pequenas, mas existem.

## Resumir

**A FINALIDADE DE RESUMIR** a consulta ou a sessão é a de unir os fatos e conduzir a uma ação ou dar um conselho. Sempre é melhor começar com a frustração que levou o cliente a procurar ajuda, repetir as questões que o motivam, reconhecer as mudanças já feitas, repetir o objetivo do cliente e confirmar se algo foi esquecido. Novamente, quanto mais se conseguir usar as palavras do cliente melhor. Ele precisa se identificar naquilo que está sendo dito.

Dessa forma, juntando os itens citados, temos o que é abreviado em inglês como Oars (*open-ended questions, affirmations, reflective listening and sumarize*), a interação básica pela entrevista motivacional.

## Conselhos

**OUTRO ASPECTO BASTANTE IMPORTANTE** da comunicação é como dar conselhos. Sempre que o profissional de saúde for dizer algo, mesmo que para responder a um questionamento do cliente, é válido e importante checar o que o cliente já sabe sobre aquele assunto, e só depois oferecer mais informação, com a permissão do cliente, e então checar a resposta dele a essa nova informação. É impressionante como esse simples exercício aumenta a atenção que o cliente dá à informação que é dividida com ele. Isso acontece porque, ao ser perguntado sobre o que ele sabe daquele assunto, ele se sente valorizado, respeitado e ouvido.

Quando, na sequência, o profissional diz que tem uma informação importante sobre esse assunto e pergunta se poderia dividir com o cliente, este estará pronto para ouvir, afinal, ele também foi ouvido. A postura do cliente muda na cadeira quando esse processo acontece e é muito comum ele responder: "Claro, pode falar, estou aqui para isso!". É como se seus ouvidos se abrissem e sua atenção se volta totalmente para o profissional. Ao final, sempre vale checar como ele vê aquele assunto agora (Botelho, 2004).

> **❶ Dica**
>
> Dar *feedback* também é um aprendizado. Existem técnicas de como fazer isso; uma delas é utilizar o *feedback* sanduíche: primeiro, faz-se um elogio, valoriza-se o que foi feito de positivo; depois, sugere-se o que pode ser melhorado; por último, finaliza-se com reconhecimento. Deve-se sempre ser positivo e cuidadoso para colocar o que pode ser melhorado, resultando em um ambiente positivo.

# Estágio de mudança

## Introdução

**DE ACORDO COM STEPHEN COVEY (1989)**, "os portões da mudança só se abrem de dentro para fora". Essa frase é muito importante e deve direcionar o profissional de saúde para um estágio fundamental do processo de mudança com o seu cliente, que é identificar o estágio de prontidão para mudança em que ele se encontra. Esse processo é fundamental, pois para cada fase há uma maneira de abordar o cliente. Se o profissional não respeitar a fase em que o cliente se encontra, crescem as chances de que sua resistência aumente e que ele fique desestimulado.

A figura a seguir ilustra o discurso característico de cada uma dessas fases, que serão descritas brevemente de forma inicial para que, depois, sejam analisadas as ferramentas que podem ser utilizadas nessas etapas. Esse modelo é chamado de Modelo Transteórico e foi descrito por Prochaska, Norcross e DiClemente (1995) para classificar os clientes em cinco estágios: pré-contemplação, contemplação, preparação, ação e manutenção.

## Fases da mudança

1. **FASE DE PRÉ-CONTEMPLAÇÃO.** Nesta fase o cliente não tem intenção de agir, de mudar o comportamento. Muitas vezes ele não enxerga o problema com clareza e, quando enxerga, vê mais contras do que prós no processo de mudança. Alguns desses clientes são aqueles que vão à consulta porque o cônjuge a agendou. Outros estão começando a perceber que algo não está bem, mas sem clareza.

2. **FASE DE CONTEMPLAÇÃO.** Nesta fase o cliente está mais propenso a agir, no entanto ainda vê muitos contras. O discurso é ambivalente, ele sente que poderia fazer algo, mas não faz.
3. **FASE DE PREPARAÇÃO.** Neste momento o cliente pretende começar a agir. Ele já decidiu fazer mudanças e já percebe mais vantagens em mudar do que desvantagens. Em alguns casos ele até já começou a dar alguns passos e acredita que pode mudar, embora muitas vezes não saiba como.
4. **FASE DE AÇÃO.** Nesta fase o cliente já está em ação e engajado no processo de mudança.
5. **FASE DE MANUTENÇÃO.** O cliente já mudou, vê as vantagens e trabalha para manter o comportamento e lidar com recaídas.

Para cada uma dessas fases existem técnicas que auxiliam o profissional a motivar mais o seu cliente. Elas serão abordadas a seguir.

## Pré-contemplação

**NA FASE DE PRÉ-CONTEMPLAÇÃO** o desafio é focar nas vantagens da mudança e diminuir a resistência. Para isso, por meio da entrevista motivacional (descrita no Capítulo 2), é preciso que o profissional peça para que o cliente fale sobre os benefícios trazidos por uma mudança, que pratique a escuta ativa e que respeite e reflita a resistência.

Uma ferramenta que pode ser bastante útil nessa etapa se chama "ganhos e perdas". Com ela, o profissional pede para que o cliente faça uma seleção do que ele ganharia e do que ele perderia caso conseguisse mudar o seu comportamento. Quanto maior a lista melhor, mais ele vai refletir sobre tudo isso. Na sequência, trabalha-se para minimizar as possíveis perdas. Um exemplo é quando o cliente enxerga que ao mudar a forma como se alimenta ele vai precisar se afastar de amigos com quem sempre sai para comer e beber; nessa hora deve-se perguntar o que ele poderia fazer para minimizar essa perda. Muitas vezes o cliente percebe que ele pode continuar se relacionando com os amigos, criando outras situações de convivência que não envolva comida ou bebida. O Quadro 3.1 apresenta um modelo da ferramenta.

No entanto, às vezes o cliente não visualiza o problema. Uma ferramenta útil para isso, criada pelos hindus, é a **RODA DA VIDA** (ver a seguir). Pede-se para o cliente dizer o quanto ele está satisfeito em cada área da sua vida. Primeiro, apresenta-se os quatro quadrantes: pessoal (saúde e disposição, desenvolvimento intelectual, criatividade, *hobbies* e diversão), profissional (realização e propósito, recursos financeiros e contribuição social), relacionamentos (família, relacionamento amoroso e vida social) e qualidade de vida (equilíbrio emocional, plenitude e felicidade e espiritualidade).

Em seguida pergunta-se, por exemplo: "de 0 a 100% quão satisfeito você está com a sua saúde e disposição?". Se ele disser 50%, pinta-se metade do triângulo de saúde e disposição e pede-se para que ele diga, de maneira sucinta, por quê. Suponha-se que ele diga "porque ando muito cansado"; o profissional deve anotar isso ao lado do quadrante saúde e disposição. E seguir assim até que se preencha a roda até o fim. É importante que o cliente responda de acordo com a forma como ele interpreta os itens; por exemplo, se perguntado quão satisfeito ele está na área de contribuição social, é comum que eles respondam perguntando o que seria contribuição social; nesse caso, deve-se responder: "o que é contribuição social para você?". O cliente, e não o profissional, tem que se identificar com a roda dele.

**QUADRO 3.1** Formulário de ganhos e perdas.

| Ganhos e perdas | |
|---|---|
| O que você ganha se obtiver isso? (Motivadores) | O que você perde se obtiver isso? (Sabotadores) |
|  |  |

- O que você pode fazer para minimizar as possíveis perdas?
- O que você pode fazer para continuar tendo os ganhos e atingir seus objetivos?
- Esse objetivo ou resultado esperado afeta negativamente outras pessoas ou o meio do qual faço parte?
- Se sim, o que você precisa alterar no seu objetivo para que este afete apenas positivamente outras pessoas ou o meio no qual você vive?

## Roda da vida

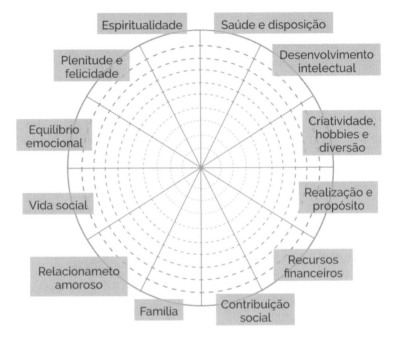

- Qual seu nível de satisfação atual com a sua vida em cada uma das áreas?
- Qual dessas áreas irá influenciar positivamente um maior número de outras áreas ao receber um pouco mais de foco?

Ao final, com toda a roda preenchida e as observações anotadas, mostra-se a roda ao cliente e pergunta-se: "qual dessas áreas vai influenciar um número maior de outras áreas caso receba um pouco de atenção e foco?". Não necessariamente, e isso é importante dizer ao cliente, será a área com menor escore, porque às vezes ele deu nota baixa para algo que ele percebe que não está bom, mas que não o incomoda muito. Nessa hora ele precisa pensar o que afetaria positivamente outras áreas, por exemplo, ele pode perceber que se dedicar mais à vida social trará mais prazer, maior felicidade, mais disposição e ele vai se sentir mais realizado. Essa resposta é muito individual e o profissional não deve influenciar e nem fazer sugestões.

Ao final da análise da roda o próximo passo é perguntar ao cliente o que ele poderia começar a fazer hoje para seguir em direção a essa mudança. Qual o primeiro passo, mesmo que pequeno, que ele pode dar hoje. Muitas vezes, nesse início, não se fala dos motivos que trouxeram o cliente até a consulta. Não importa, o importante aqui é sensibilizar e ajudar o cliente a visualizar o que ele gostaria de mudar e por onde ele quer começar.

Mais à frente, quando falaremos de como lidar com a resistência, veremos que respeitar a escolha do cliente e deixá-lo no controle de por onde começar é fundamental nesse processo.

## Contemplação

**NA FASE DE CONTEMPLAÇÃO,** o desafio é trabalhar a ambivalência, pois nesse momento o cliente já enxerga os prós da mudança, mas eles se igualam aos contras. Por meio da entrevista motivacional é possível ajudar o cliente a perceber essa ambivalência e também a trabalhar seus motivadores. A entrevista motivacional consiste em:

- Expressar empatia.
- Desenvolver a discrepância.
- Lidar com a resistência.
- Apoiar a autoeficácia.

### Expressar empatia

**A MELHOR FORMA DE** expressar empatia é praticando o não julgamento, a escuta ativa, perceber e respeitar o que realmente importa ao cliente. O ato de não julgar é um exercício constante e, se não for praticado no dia a dia, não vai funcionar quando o cliente estiver sentado à frente do profissional.

No nosso dia a dia fazemos constantemente julgamentos das pessoas e das situações com as quais nos deparamos. A grande questão é que sempre que se faz um julgamento corre-se o risco de errar, porque na maioria das vezes pouco se sabe sobre o que levou a pessoa a tomar determinada atitude. Outro aspecto importante desses pequenos julgamentos é que quando eles são negativos geram sentimentos ruins em quem faz o julgamento e isso atrapalha a comunicação e a criação de vínculo. Deve-se sempre se lembrar deste exemplo: quando alguém nos fecha no trânsito, passa apressado e entra na nossa frente ou trafega pelo acostamento, na maioria dos casos, pensamos: "que sujeito folgado, sem educação, espertinho" e aí por diante. Na verdade, nós não temos ideia do que levou a pessoa a se comportar daquela maneira, mas deduzimos que ela não tinha motivo algum que justificasse seu comportamento. E o fato de fazermos esse julgamento resulta em sentimentos como raiva, às vezes injustiça, que sabidamente não fazem bem nem para a nossa saúde, nem para o nosso comportamento. Alguns até saem com o carro atrás de quem o fechou para "dar o troco" e não percebem que estão fazendo mal para si mesmos alimentando a raiva e a necessidade de vingança.

Quantas vezes já não nos enganamos ao julgar alguém? Aquele rapaz pelo acostamento pode estar com alguém passando mal no carro, não sabemos. Mas o mais importante é que na verdade não importam os motivos, o que importa é que o julgamento negativo de alguém, na maior parte das vezes, só faz mal a quem faz o julgamento. Existe um ditado que diz: "alimentar ressentimentos é como beber veneno e esperar que a outra pessoa morra".

Livrar-se do hábito de fazer julgamentos é uma excelente maneira de o profissional de saúde estar mais aberto para ajudar o seu cliente, no entanto, para que seja possível fazer isso no consultório é essencial que se faça isso também no dia a dia.

> **① Dica**
>
> Que tal fazer um exercício assim que fechar este livro? Tente praticar o não julgamento nas situações que você vivenciar nas próximas horas e veja como se sente. Quando se aplica essa técnica pela primeira vez em um grupo, frequentemente as pessoas perdem o assunto, não têm do que falar e se dão conta de que muito do que conversam está relacionado a falar de outras pessoas, julgar comportamentos, padrões estéticos e as atitudes dos outros.

## Motivação

**NESSE MOMENTO É IMPORTANTE** também entender o que verdadeiramente importa para o cliente, pois é isso que vai mantê-lo motivado. Ajudar a relacionar os motivos com razões significativas é fundamental, uma vez que recompensas muito superficiais, que não se relacionam com um senso de propósito, ou valores individuais não são suficientes para manter o comprometimento e a motivação. Isso porque, apesar do estado atual em que o cliente se encontra não ser o que ele quer, é um estado familiar e as consequências ruins são conhecidas, o que pode ser menos assustador do que o desconhecido que está por vir ao enfrentar um processo de mudança. Por isso, para que a mudança seja permanente, o cliente deve descobrir e definir algo que ele queira mais do que o estado atual.

Uma vez feita essa descoberta, a busca desse objetivo será uma força poderosa no processo de mudança. As pessoas não param de fumar porque deixam de gostar do cigarro. Fumantes adoram seus cigarros. Eles param porque desejam melhorar a saúde, prolongar o tempo de vida, ter mais dinheiro ou ser um exemplo para seus filhos e netos *mais* do que desejam seus cigarros. Para isso, utiliza-se a ferramenta "definindo objetivos" (Quadro 3.2). A primeira pergunta (item 1) seria para entender o que levou o cliente à consulta; depois são feitas questões para entender quais foram suas experiências passadas na área. O objetivo é, caso o cliente já tenha alcançado o que deseja, mas se perdeu e quer chegar lá novamente, ajudá-lo a trazer as boas lembranças de como era, de como ele se sentia, se movimentava, como era sua disposição, tentando resgatar os bons sentimentos desse momento como forma de estimulá-lo a buscar isso novamente. Quanto mais detalhado, melhor; muitas vezes ajuda perguntar qual a fotografia do cliente supondo que ele já tivesse alcançado o que queria; na foto, onde ele está, o que está vestindo, quem está com ele?

Em seguida deve-se falar da recompensa (item 2), do que o cliente vai ganhar ao alcançar o seu objetivo. Nessa hora, quanto mais profundo o profissional de saúde for, melhor. Por isso, na sequência as questões dos itens 3 e 4 são importantes e relacionam o objetivo dele com seus valores e com seus principais objetivos na vida. Quando se chega nesse ponto, muitas vezes o cliente se emociona, afinal, são motivos importantes, que trazem um senso de propósito ou estão relacionados a valores fortes, por exemplo: "quero ter mais disposição e saúde para brincar com meus netos, pois hoje não estou conseguindo aproveitar meu tempo com eles e estou perdendo a infância deles".

As próximas questões (itens 5 a 7) da ferramenta têm a finalidade de trazer quais os possíveis obstáculos que o cliente visualiza, pois assim o profissional já pode se preparar para eles ao longo do processo. Também é importante trazer os pontos fortes, o que o cliente tem como característica que pode ajudá-lo nesse processo; quais são as pessoas e os ambientes que podem ajudar.

Em seguida é escalonada a confiança do cliente de 0 a 10 (item 8), sempre perguntando por que não um valor menor, por exemplo, se o cliente diz que a confiança dele é 8, deve-se perguntar a ele por que não 6. O objetivo é que ele levante os aspectos positivos e as forças que o motivam a alcançar esse objetivo. Se, ao invés, fosse perguntado por que não 10, ele levantaria todos os obstáculos e dificuldades e, nesse momento, o objetivo é motivá-lo e fazer com que ele saia positivo da consulta.

Em seguida, avalia-se o quanto o cliente acha que a responsabilidade para alcançar o seu objetivo é dele mesmo

**QUADRO 3.2** Definindo objetivos.

## Definindo objetivos

O que trouxe você até aqui? Buscar:

1. **MELHOR EXPERIÊNCIA (VISÃO):** conte-me a sua melhor experiência nessa área*, uma época em que você se sentiu bem. O que fazia ser tão bom? Como você se sentia? O que você fazia que não pode fazer hoje? Quem estava com você?

2. **RECOMPENSA (SEGUNDA CAMADA):** o que você vai ganhar ao alcançar o seu objetivo? O que isso vai lhe trazer? O que vai mudar? Por que isso é importante para você?

3. **VALORES BÁSICOS:** quais são os seus três valores mais importantes na vida? De que forma esses valores estão relacionados com o seu objetivo?

4. **CONDIÇÕES CATALISADORAS (MOTIVADORES):** quais são seus três grandes objetivos na vida? De que forma esses objetivos se relacionam com o que trouxe você aqui? O que mais estimula você? O que mais motiva você?

5. **DESAFIOS**: o que você enxerga como seus maiores desafios para alcançar o seu objetivo? O que vai custar a você ou o que você acredita que vai perder indo em busca desse objetivo? *[Anotar os possíveis sabotadores para posteriormente trabalhar como a pessoa pode minimizar essa perda.]*

6. **PONTOS FORTES:** a quais pontos fortes você pode recorrer para o auxiliar no alcance da sua visão e na superação de desafios? Como lições de sucesso no

*(continua)*

**QUADRO 3.2** Definindo objetivos. *(continuação)*

## Definindo objetivos

### O que trouxe você até aqui? Buscar:

passado, mesmo em outras áreas, podem auxiliar você a superar desafios no presente? Se você perguntasse a algum amigo quais são suas forças, o que ele diria?

7. **SUPORTE SOCIAL:** quais pessoas, recursos e ambientes você visualiza que podem auxiliar nesse processo?

8. **CONFIANÇA:** em uma escala de 0 a 10, com 10 sendo "extremamente confiante" e 0 "nada confiante", qual seu grau de confiança de que você pode reduzir a distância entre hoje e sua visão, finalmente chegando lá? Por que não em ___ dias/meses/anos? *[Sempre colocar um valor menor para trazer os pontos positivos.]*

9. **RESPONSABILIDADE:** de 0 a 100% qual seu grau de responsabilidade para alcançar sua meta?

10. **COMPROMETIMENTO:** em uma escala de 0 a 10, qual o seu grau de comprometimento com a sua meta? Como poderíamos aumentar esse valor?

11. **TAREFA:** o que você pode fazer entre esta semana e a próxima para se mover em direção a sua visão, a sua fotografia?

*Área de objetivo do cliente, definida depois que ele responde a primeira pergunta: "O que te trouxe aqui?".

(item 9). Isso serve para que ele levante possíveis justificativas que podem ser minimizadas; por exemplo, ele pode dizer que tem um percentual que é da esposa, que faz as compras na casa. Nesse momento, então, pode-se explorar de que forma ele é capaz de garantir que o que ele precisa será comprado também. Ao final, pergunta-se o quanto ele está comprometido de 0 a 10 (item 10); se a resposta for abaixo de 7, deve-se tentar verificar com o cliente como é possível aumentar esse comprometimento.

Nesse tipo de atendimento o cliente sempre sai com uma meta, uma tarefa para ser realizada até o próximo encontro (item 11). Mesmo que ele não receba qualquer orientação nesse primeiro momento, a pergunta "o que você pode começar a fazer hoje para ir em direção a sua meta?" é muito importante, pois traz o cliente para o controle da decisão, algo que, como será abordado a seguir, reduz muito a resistência e aumenta o comprometimento.

Junto com essa ferramenta também pode-se utilizar uma outra, chamada "qual é a sua meta?" (Quadro 3.3). A ideia é imprimir essa folha e pedir que o cliente escreva de forma objetiva qual a sua meta e, caso ele tenha uma fotografia que a represente, ele pode levar essa folha para casa, colocar a fotografia e deixar a folha em algum lugar onde ele a veja todos os dias. O coach Brendon Burchard costuma dizer que é muito fácil deixar nossos sonhos morrerem durante o dia porque perdemos o foco enquanto respondemos aos interesses de todos a nossa volta e às falsas emergências. Então ajudar o cliente a manter viva sua meta e seus motivadores é fundamental.

Definir metas significativas e relacionadas aos valores da pessoa é fundamental para auxiliar no engajamento. Resistir aos prazeres imediatos porque há algo mais significativo e recompensador lá na frente deve ser um comportamento a

**QUADRO 3.3** Formulário da ferramenta "qual é a sua meta?".

## Qual é a sua meta?

ser incentivado. Como ilustrado em **HÁBITOS** (ver a seguir), antigos hábitos, como o de comer chocolate quando ansioso (triângulo pequeno), rendem prazer imediato, enquanto que um novo hábito, para lidar com o mesmo gatilho (ansiedade), trará uma recompensa que não é tão imediata (triângulo maior). É por essa razão que é tão importante ajudar os clientes a conectarem-se com novas recompensas fortes durante todo o processo, do contrário ficará difícil resistir às recompenas imediatas sempre pensando "ah, semana que vem eu começo para valer!".

> **❶ Dica**
>
> Quebrar a meta final em pequenas metas alcançáveis mais rapidamente também ajuda a manter a motivação, uma vez que traz para perto a recompensa. Por exemplo, se o objetivo do cliente é correr uma maratona, ir criando metas de provas menores ao longo do caminho ajuda a manter a nova rotina com recompensas mais imediatas.

### Desenvolver a discrepância

**PARA DESENVOLVER A DISCREPÂNCIA** pode-se ajudar o cliente a perceber o quanto o comportamento atual está distante dos seus valores e metas pessoais. Essa é a discrepância que existe, ele quer mudar, mas não age para isso. A técnica de "balanço decisório" descrita por Rick Botelho (2004) é ótima para isso (Quadro 3.4). Para usar essa ferramenta é preciso definir inicialmente qual comportamento o cliente quer modificar, por exemplo, parar de fumar, deixar de ser sedentário ou ter uma alimentação mais saudável. Nessa técnica serão avaliados prós e contras da mudança, custos e benefícios tanto de não mudar quanto de mudar.

A ferramenta consiste em perguntar ao cliente inicialmente quais os benefícios de ficar como está. Para explorar o máximo de opções é preciso deixar o cliente refletir, sem apressá-lo. Em seguida é feita a segunda pergunta, abordando quais são as preocupações que ele tem sobre ficar como está. Novamente explorando ao máximo. A terceira pergunta diz respeito às preocupações sobre a mudança dos hábitos não saudáveis. E por último quais os benefícios de mudar os hábitos não saudáveis. Ao terminar de preencher a ferramenta pede-se ao cliente para olhar a tabela do lado esquerdo e dar uma nota de 0 a 10, sendo 10 muito importante manter o hábito e 0 não sendo importante manter o hábito. Nesse caso queremos ter um escore de resistência. Se, ao olhar a tabela do lado esquerdo (em que estão todos os fatores que motivam o cliente a ficar do jeito que está), o profissional perceber que o cliente deu uma nota alta, esses aspectos estão influenciando sua resistência e dificultando sua mudança. Por fim, pede-se que o cliente olhe o lado direito, no qual estão todos os fatores que motivam a mudança, e então pergunta--se qual nota ele daria de 0 a 10, mas agora 10 sendo muito importante mudar o hábito e 0 não sendo importante mudar o hábito. Tem-se, assim, o escore da motivação.

Se o escore da resistência for mais alto do que o da motivação, significa que o cliente está pouco propenso a mudar. O Quadro 3.5 apresenta um exemplo da ferramenta preenchida; nele, a mudança em questão é parar de fumar.

Nesse caso, de o cliente estar mais resistente do que motivado, a ferramenta pode ajudar a aumentar a motivação ao esclarecer a discrepância entre ação e valores. No exemplo, pode-se ajudar o cliente a perceber essa discrepância por meio da técnica de reflexão, que vimos há pouco. Poderíamos dizer: "estou ouvindo você me dizer que se preocupa com sua família e ao mesmo tempo que você resiste a mudar esse hábito".

> **① Dica**
>
> O profissional de saúde não pode ter medo de errar. Se ele entender algo diferente do que o cliente quis dizer, este irá corrigir a frase do profissional e muitas vezes, nessa hora, criam-se espaços, brechas para a mudança. Não quer dizer que isso trará mudanças imediatas, mas com certeza trará reflexões ao cliente, que pode, aos poucos, aumentar a motivação e reduzir a resistência.

**QUADRO 3.4** Formulário da ferramenta "balanço decisório".

## Balanço decisório

| Razões para manter o comportamento | Razões para mudar |
|---|---|
| 1. Quais os benefícios de ficar como está? | 2. Quais são suas preocupações sobre ficar como está? |
| 3. Quais são suas preocupações sobre a mudança de seus hábitos não saudáveis? | 4. Quais os benefícios de mudar seus hábitos não saudáveis? |
| Escore da resistência: | Escore da motivação: |

*Faça o escore de 0 a 10, sendo 10 = muito importante manter o hábito e 0 = não é importante manter o hábito; depois, 10 = muito importante mudar o hábito e 0 = não é importante mudar o hábito e depois analisar o escore final.*

Fonte: adaptado de Botelho (2004).

**QUADRO 3.5** Exemplo de formulário preenchido da ferramenta "balanço decisório", no qual a questão discutida é parar de fumar.

## Balanço decisório

| Razões para manter o comportamento | Razões para mudar |
|---|---|
| 1. Quais os benefícios de ficar como está? *Sinto-me bem e relaxado* | 2. Quais são suas preocupações sobre ficar como está? *Problemas de saúde para mim e para minha família; sei que não é saudável fumar em casa* |
| 3. Quais são suas preocupações sobre a mudança de seus hábitos não saudáveis? *O que fazer com minhas mãos quando estou sem o cigarro, medo de ganhar peso* | 4. Quais os benefícios de mudar seus hábitos não saudáveis? *Melhorar a minha saúde; acho que me sentirei mais disposto e que meus pensamentos fluirão melhor* |
| Escore da resistência: 7 | Escore da motivação: 5 |

## Lidar com a resistência

**A RESISTÊNCIA É UM** dos grandes desafios enfrentados pelos profissionais de saúde e, se eles não souberem como lidar com ela, são grandes as chances de aumentá-la e se distanciar do cliente ainda mais. Quantas vezes os profissionais não têm a sensação de que há uma corda estendida entre eles e seus clientes e que eles estão em pleno cabo de guerra? Isso, além de pouco produtivo, desgasta o profissional de saúde, que sai exausto de cada consulta, como se tivesse acabado de enfrentar uma batalha.

Existem várias definições para resistência. Uma delas diz que "resistência é uma força psicológica que nasce no cliente quando este não aceita a influência que estão querendo exercer sobre ele e seu comportamento" (Strong e Matross, 1973). Essa influência é normalmente a sugestão que o profissional de saúde traz para que o cliente coloque em prática, como a sugestão do profissional para o cliente iniciar uma atividade física.

Segundo Strong e Matross (1973), normalmente a resistência surge pela maneira como a sugestão foi feita, e acontece porque o profissional está tentando convencer o cliente a fazer algo que ele não está preparado para fazer ou tem medo de fazer, ou nem ao menos entende o que é para ser feito. De acordo com essas definições, os profissionais de saúde têm uma grande responsabilidade no aumento da resistência de seus clientes. A terceira lei de Newton diz que para toda ação de uma força existe uma reação de mesma magnitude, porém, oposta. Então quando perceber a resistência de um cliente, o profissional deve parar e olhar para si, se perguntando de que forma ele, profissional, está gerando uma força contrária à do cliente. Essa força pode estar nos gestos, no olhar, na comunicação não verbal.

Como já apresentado, as pessoas não resistem à mudança, elas resistem a serem mudadas. Cerca de 80% das pessoas que recebem prescrição para tomar medicação para controlar o colesterol não a tomam. Ao fazer uma reflexão percebe-se que, nesse caso, não há grandes mudanças de hábitos envolvidas: basta tomar um comprimido por dia. E mesmo assim não funciona. Por quê? Porque as pessoas resistem quando:

- Sentem que não estão no controle.
- Acreditam que não têm escolha.
- Não sabem o que está acontecendo.

Um dos cofundadores do Harvard Negotiation Project, chamado Roger Fisher (Fisher, 2009; Fisher e Ury, 2014), diz que, em qualquer negociação, devemos usar a estratégia ACBD – *always consult before deciding* (sempre consulte antes de decidir). De acordo com ele são três os benefícios de se usar essa estratégia:

1. A outra parte se sente incluída no processo de decisão.
2. Nós podemos aprender algo perguntando primeiro.
3. Ainda teremos nosso poder de voto.

Na opinião do autor isso vale para todos os tipos de negociação, desde coisas simples do dia a dia, da nossa rotina, até negociações em disputas judiciais. Por isso, a primeira sugestão para os profissionais de saúde é a de tentar começar a usar essa técnica no seu dia a dia, perguntando a opinião da outra parte antes de dar a sua. E com o cliente, ao invés de decidir, impor ou ficar tentando convencê-lo de por onde ele vai começar, que divida com ele essa decisão, afinal, é ele quem vai ter que colocar essa sugestão em prática, e não o profissional. Se ele estiver mais aberto a começar uma atividade física, em vez de mexer na dieta, tem-se muito mais chance de sucesso caso se comece por onde ele está mais disposto a mudar, afinal, as pessoas mudam quando:

- Querem mudar e isso é importante para elas.
- Sabem como mudar.
- Acreditam que podem mudar.

## Transformando perguntas em frases empáticas

**PARA AJUDAR NO PROCESSO** de mudança o profissional de saúde deve praticar a escuta ativa, o que ajuda a entender e sinalizar a resistência, além de mostrar empatia. Não pressionar, usar a reflexão para mostrar a discrepância entre valores e discurso, oferecer a oportunidade de trabalhar junto com o cliente e dar conselhos da forma apresentada anteriormente são atitudes que auxiliam na redução da resistência. Quanto mais resistente é o cliente, menor deve ser o número de perguntas a se fazer. O cliente resistente, quando se sente pressionado com perguntas, se retrai e tende a se afastar do profissional, diminuindo sua conexão com ele.

Cada pergunta o coloca a um passo de distância do profissional, portanto, o ideal é transformar as perguntas em frases empáticas e sem julgamento, por exemplo: "Fale-me mais sobre sua história de atividade física", "divida comigo as preocupações que você tem em relação a sua saúde", "diga-me o que você gostaria de mudar nessa situação", "diga-me quais resultados você espera vindo aqui discutir isso comigo". Essas frases representam uma excelente técnica de comunicação que pode ter significado impactante no movimento do cliente em direção às mudanças desejadas.

Ao mostrar respeito pela resistência do cliente, em vez de tentar lutar com ela e convencê-lo do contrário, o cliente se sentirá respeitado e surpreso. E, nesse momento, quando o cliente sente que seu ponto de vista é compreendido, abre-se uma oportunidade para mudança. Do contrário, ele irá se preparar para "lutar" e defender sua visão e, quando estamos em uma batalha, não abrimos a guarda em nenhum momento.

Alguns estudos mostram também que essa atitude de empatia e compreensão da resistência do cliente é inesperada por ele, rompendo um padrão no qual o cliente, que muitas vezes tem o discurso pronto para defender o seu lado, tem que parar e repensar sua fala. Por isso, nessas situações, o profissional deve aumentar ainda mais o tempo de silêncio. É durante esses momentos de silêncio que novas perspectivas surgem. Com clientes altamente resistentes, quanto mais o profissional veste o avental de expert, maior a probabilidade de aumentar a resistência. Nesses casos, a postura do profissional deve ser de um curioso, querendo entender e montar um quebra-cabeça, estimulando seu cliente a falar e explicar, enquanto ele, o profissional, fala o mínimo possível na consulta. Quanto mais o cliente fala, mais ele trabalha na construção de um caminho e menos ele resiste.

> **ⓘ Dica**
>
> Reduzir o número de perguntas traz uma série de benefícios, como reduzir a chance de respostas "sim", "não" ou "eu não sei"; surpreender o cliente criando um diálogo inesperado e sem respostas prontas; diminuir a chance de o cliente se sentir criticado e julgado; aumentar a chance de manter o cliente no papel de responsável pela mudança.

## O poder das palavras

**NÃO PENSE EM UMA** banana. O que você acabou de fazer? Por um breve momento, você provavelmente visualizou em sua mente uma banana. Isso ocorre porque a mente se movimenta em direção à parte dominante da frase, não importando se ela é negativa ou positiva (Mitchell, 2009). Isso mostra como as palavras têm uma influência enorme no processo de mudança.

Quando uma frase é negativa, o pensamento dominante é o oposto do que está sendo dito, por exemplo, quando um professor distribui as provas aos alunos deixando-as, em suas carteiras, viradas para baixo porque não quer que eles comecem a fazê-la ainda, ele pode dizer "não virem a prova", o que, gramaticalmente, quer dizer para que eles deixem a prova como está, virada para baixo; no entanto, a parte dominante da frase que o cérebro ouve é "vire a prova", o oposto do que era desejado. Dessa maneira, a melhor estratégia do professor seria dizer "deixem a prova como está".

Em seu dia a dia, o profissional de saúde deve tomar cuidado, pois sempre que utiliza expressões como "não faça", "não tente", "você não deveria" está enfatizando exatamente o lado oposto da mudança desejada. Nesse momento o ideal é criar uma frase positiva que apresente o que realmente se deseja, como no exemplo do professor.

## Como lidar com a resposta "eu não sei"

**A RESPOSTA "EU NÃO SEI"** é um grande desafio para os profissionais. A primeira dica é tentar evitar perguntas que possam ter como resposta essa frase, por exemplo, pode-se dizer ao cliente: "Quando você estava mais saudável, o que era diferente na sua rotina?"; nesse caso, a resposta pode ser "eu não sei", porém, se fosse dito "quando você estava mais saudável, me diga o que era diferente na sua rotina", o resultado pode ser outro. Ambas as frases assumem que em outro momento a rotina era diferente, mas a segunda explicitamente assume que o cliente sabe o que era diferente. A segunda frase traz curiosidade, e não interrogação, o que reduz a chance da resposta "eu não sei".

Outra opção diante da resposta "eu não sei" é simplesmente responder de volta "e se soubesse?". É incrível como essa resposta faz o cliente parar e pensar mais um pouco e muitas vezes levantar uma saída. É uma maneira de dizer ao cliente que ele poderia ter a resposta caso a situação fosse hipotética, menos real, o que muitas vezes o liberta para dizer o que ele poderia estar receoso em pronunciar.

A terceira estratégia para lidar com a resposta "eu não sei" é adicionar, hipoteticamente, uma terceira pessoa ao diálogo, perguntando ao cliente se ele conhece alguém que teria essa resposta, como um amigo, um familiar ou alguém que ele admira e que certamente saberia a resposta. O cliente normalmente vai achar alguém em sua memória que saberia a resposta e então o profissional pode perguntar: "O que você ouve seu amigo dizendo ao responder essa pergunta?". Essa estratégia permite que o cliente traga respostas que ele relutaria em levantar como sendo diretamente dele, criando um ambiente em que novas ideias são mais facilmente colocadas.

### Apoiar autoeficácia

**AUTOEFICÁCIA É A CRENÇA** na capacidade de iniciar e sustentar um comportamento desejado. Trabalhar isso no processo de coaching é fundamental para que o cliente desenvolva a capacidade de aprender a superar os desafios e criar estratégias por si só para caminhar em direção às suas metas. Durante o acompanhamento de coaching o profissional está ao lado do cliente na busca das soluções, no entanto é fundamental que o cliente ganhe confiança e aprenda a identificar seus obstáculos e caminhos para superá-los, pois apenas assim ele terá independência para sustentar o novo comportamento. A autoeficácia pode ser trabalhada de várias maneiras pelo profissional de saúde:

- **ESCALONAR A CONFIANÇA DE 0 A 10.** Isso quer dizer que toda vez que for estipulada uma meta com o cliente é preciso perguntar a ele com qual grau de confiança ele está em relação ao cumprimento dessa meta, sendo 0 para confiança muito baixa e 10 para uma confiança alta. O objetivo aqui, além de traçar metas alcançáveis e também valorizar as forças, é explorar como ele pode lidar com os obstáculos. Por isso, quando a nota for baixa o profissional deve ajudá-lo a modificar a meta para que ele aumente o seu grau de confiança. Quando a nota for acima de 7, por exemplo, deve-se perguntar por que não menos, para que o cliente levante os pontos fortes e positivos. Por exemplo, se um cliente dá nota 8 para a meta de fazer exercício três vezes na semana, deve-se perguntar por que não 5. A ideia é que ele apresente forças e características que ele tem e que o motivam e o ajudariam a alcançar a meta, conforme apresentado na ferramenta "definindo objetivo". Ele pode responder "porque sei que consigo", "já fiz isso antes", "estou motivado" etc. Agora, se é perguntado por que não 10, ele irá elencar todos os obstáculos e dificuldades e, em vez de ficar motivado, ele vai se desmotivar. Quando a nota for abaixo de 7 o ideal é perguntar a ele de que forma essa nota poderia ser mais alta, pois assim a meta pode ser redesenhada de forma que ele se saia mais confiante. Nesse momento ele pode dizer que ficaria mais confiante se fossem 2 dias de exercício e não 3, por exemplo. E então muda-se a meta para duas vezes na semana, perguntando-se de novo qual o grau de confiança agora. O objetivo é traçar uma meta que motive o cliente, para que ele faça o combinado e se estimule a fazer cada vez mais. Esse processo será explicado melhor no item de metas *Smart*.

- **BUSCAR NO PASSADO EXPERIÊNCIAS POSITIVAS.** Isso também ajuda a trabalhar a autoeficácia, uma vez que traz de volta exemplos e situações nas quais o cliente conseguiu seu objetivo. Aqui, a ideia é resgatar forças que ele já usou e que de repente não está usando agora ou ajudá-lo a perceber que ele é capaz, pois já fez isso antes. Essa busca de experiências de sucesso pode ser em outra área da vida, pois o objetivo é ajudar o cliente a identificar características pessoais que podem ajudar nesse momento. Então às vezes não há situações de sucesso no emagrecimento, mas há em outra área da vida, como ao passar em um concurso. Na busca por essas situações o cliente vai buscar na memória o que é preciso fazer e como colocar em prática. Se por acaso ele não tiver essa experiência também pode-se pedir que ele conte uma experiência vicária, isto é, a experiência de sucesso de outra pessoa, alguém que ele conheça e que conseguiu um objetivo parecido com o dele.

> **❶ Dica**
>
> O profissional deve ajudar seu cliente a evitar a palavra *difícil*, trocando-a por *desafio*. Isso também serve para o dia a dia do profissional. A palavra *difícil* aumenta a sensação de obstáculo e provoca desmotivação. Já o uso da palavra *desafio* dá a sensação de nos empurrar para frente, faz creditar que há um obstáculo a ser superado, resultando em motivação.

- **AJUDAR O CLIENTE A TRAÇAR METAS *SMART*.** É muito importante que as metas sejam realistas e baseadas em ações: quanto mais a pessoa acreditar que pode alcançar a meta, maior a chance que ela a faça (ou tente); quanto mais ela faz, maior a chance de sucesso; quanto maior o sucesso, mais ela acredita que fará de novo. Nada gera mais sucesso do que o sucesso. O ideal é que o cliente proponha a meta, e não o profissional, pois ela tem que fazer sentido para o cliente, já que é ele quem vai executá-la. Então o profissional pode perguntar: "O que você gostaria de colocar como meta para começar a melhorar sua alimentação?"; com a resposta do cliente, ele e o profissional podem moldar, juntos, a meta, tornando-a mais viável. É muito comum as pessoas resolverem começar uma dieta e um programa de exercícios e se imporem que "a partir de segunda-feira não vão mais comer doce" e que "irão à academia todos os dias". Essas metas são muito duras de serem mantidas por muito tempo. A pessoa até começa, mas na segunda semana acontece algo que a impede de ir à academia em um dia, e então ela já desanima um pouco, pois não cumpriu a meta que havia estipulado. Na segunda semana é outra coisa, e assim ela vai se desmotivando com sua meta, que é muito severa, ao invés de se motivar. Nesse momento é importante que o profissional ajude o cliente a pensar na sua rotina e a programar uma ação viável e sustentável. Uma meta *Smart* é (Doran, 1981):

    – *Specific* (específica).

    – *Measurable* (mensurável).

    – *Achievable* ou *Action* (alcançável ou baseada em ação).

    – *Relevant* (relevante).

    – *Time-lined* (com tempo determinado).

Por exemplo, ir à academia não é uma meta *Smart*, mas ir à academia às segundas e quintas, após o trabalho, por 30 min, para fazer esteira seria. Quanto mais o profissional de saúde ajudar o cliente a pensar na rotina, maior a chance de que ele tenha sucesso na sua meta e assim fique mais motivado. Uma pergunta que ajuda muito a fazer o cliente programar sua rotina para cumprir a meta traçada é: "O que tem que acontecer para isso dar certo?". Então, se o cliente propôs como meta comer três frutas ao dia e o programado era uma no café da manhã, uma após o almoço e outra após o jantar, cabe a pergunta citada. Nessa hora, muitas vezes, ele traz informações, como: "Ah, preciso pedir para minha esposa comprar as frutas". Esses são detalhes que, quando não pensados, dificultam a execução de uma meta e muitas vezes levam à frustração. Uma frase de Henry Ford diz que "se você acredita que você pode, ou se você acredita que não pode, você está certo". Por isso as metas *Smart* são essenciais no fortalecimento da autoeficácia. Alguns profissionais perguntam: "Mas e se o cliente, por exemplo, não quer reduzir o consumo de bebida alcoólica e por outro lado se dispõe a fazer mais atividade física?". O ideal é deixar o cliente começar por aquilo que ele está mais motivado, o resto vem na sequência. Querer forçá-lo a começar por aquilo que o profissional julga mais importante pode aumentar a sua resistência e reduzir a sua motivação.

> **❶ Dica**
>
> Sempre que o profissional de saúde traçar metas com o cliente, é necessário combinar com ele como será realizada a comunicação entre sessões, para que se saiba se ele cumpriu a meta ou não.

*(continua)*

*(continuação)*

> **❶ Dica**
>
> Isso aumenta a parceria e o comprometimento. Hoje existem plataformas na internet que auxiliam coachs a manter contato com seus clientes e inclusive disparam lembretes das metas combinadas. Caso ache válido, o profissional pode buscar uma dessas ferramentas para ajudá-lo, não se esquecendo, porém, que cada cliente tem um jeito de ser; uns respondem as mensagens, outros não. O importante é estar em sintonia com o seu cliente e o que ele prefere, juntos descobrindo o que traz melhores resultados para ele.

## Preparação

**NA FASE DE PREPARAÇÃO,** o cliente está pronto para agir e o desafio é encorajar o esforço e reconhecer as pequenas conquistas, que alimentam a esperança de que o esforço está valendo a pena. Essas vitórias precisam ser significativas para o cliente, visíveis para ele, pois isso mantém a vontade de prosseguir. Para isso, utilizar as metas *Smart* é essencial. Buscar suporte e apoio, além de gerenciar locais, pessoas, situações que sejam potenciais armadilhas para as recaídas é fundamental.

Esse é um momento delicado, pois o cliente pode perceber que as pessoas com as quais convive acabam desfavorecendo seu novo estilo de vida. É muito comum o *hall* de amizades e relacionamentos mudar nessa hora, uma vez que os hábitos dos clientes estão mudando. Por falar em hábito, como já apresentado, nós não mudamos um hábito, criamos hábitos novos enquanto os antigos permanecem ali, sendo responsáveis pelas nossas recaídas. Eles são desencadeados por gatilhos e estão sempre associados à recompensa. Por exemplo, estresse leva ao hábito de fumar, pois o cigarro relaxa:

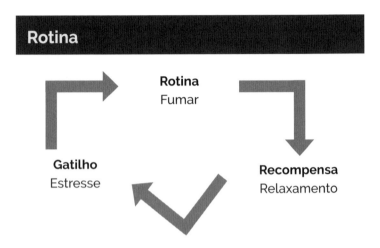

E a maneira mais fácil de desenvolver um novo hábito é usar o mesmo gatilho e a mesma recompensa, mas um caminho diferente entre os dois:

O desafio é que muitas vezes não é claro o que desencadeia o hábito ou qual a recompensa que esse hábito traz. O cliente diz que toma uma taça de vinho todos os dias ao chegar em casa para relaxar (gatilho: cansaço; hábito: beber; recompensa: relaxar), mas às vezes ele não sabe dizer o que o faz comer doce com tanta frequência. Não sabe qual o gatilho, nem qual a recompensa que tem ao comer. A ferramenta a seguir (Quadro 3.6) tem a finalidade de ajudar o cliente a encontrar estes três componentes do hábito: gatilho, ação e recompensa.

> **① Dica**
>
> Um aspecto importante desse exercício é também trazer para consciência o que queremos mudar.
> Esse é sem dúvida o primeiro passo para mudar um comportamento: ter consciência desse comportamento. Por isso escrever nossa rotina ou o que comemos é muito útil no processo de identificação e modificação de hábitos.

## Ação

**NA FASE DE AÇÃO** o profissional de saúde deve elogiar pequenos passos e conquistas, ajudar os clientes a reconhecerem os benefícios das suas escolhas e também ajudar a desenvolver um plano de ação para recaídas, preparando os clientes para o processo de aprendizagem que sempre fica disponível durante cada recaída.

As recaídas muitas vezes acontecem porque as pessoas não as programam, isto é, colocam-se em projetos rigorosos sem flexibilidade e margem para saídas da rota. E ao não

**QUADRO 3.6** Formulário de identificação do hábito.

| Hábito |
|---|
| **1. Identificar a rotina.**<br>Exemplo: comer doce à tarde. |
| **2. Identificar a recompensa.**<br>Exemplo: quando der vontade de comer o doce, faça outra coisa, como dar uma volta, tomar um café, ligar para um amigo e conversar etc. Quando finalizar essa outra rotina, anotar as três primeiras coisas que vierem à mente. Configurar um alarme para 15 minutos e então avaliar se a vontade de comer o doce passou. Identificar com qual rotina diferente a vontade de comer o doce passou, para assim perceber qual a recompensa (às vezes vai ser dar um intervalo no trabalho, ou socializar, ou se distrair etc.). |
| **3. Identificar o gatilho.**<br>Exemplo: anotar durante alguns dias e ver o que há em comum entre local, hora, estado emocional, pessoas ao redor ou com quem estava e a tarefa que você estava executando imediatamente antes. |
| **4. Ter um plano para quando o gatilho aparecer.**<br>Exemplo: se o gatilho for sempre no mesmo horário, configurar um alarme para que nessa hora você levante e vá falar um pouco com um colega, caso a recompensa seja socializar. |

resistir e sair da rota fica o sentimento de fracasso e culpa que leva ao pensamento "ah, agora que já saí mesmo, vou aproveitar e amanhã retomo". Esse tipo de pensamento age como grande sabotador, prejudicando a busca pelos objetivos e favorecendo comportamentos extremos e binários: estou de dieta (restritivo, com atividade física e sem exceções permitidas) ou estou completamente relaxado (como de tudo sem pensar, não faço nada de exercício e aproveito). Ajudar o cliente a sair dos extremos e aprender a andar no meio do caminho é uma das únicas formas de criar hábitos sustentáveis.

É impressionante como nossa mente nos sabota com esse pensamento de que "se já comi um bombom, vou logo acabar com a caixa". Um bombom tem cerca de 50 kcal, enquanto a caixa pode ter 1.000 kcal; como poderia 50 equivaler a 1.000? Nessa hora o profissional pode ajudar o seu cliente a fazer esse raciocínio lógico. Uma das questões aqui, como apresentado anteriormente, é lidar com a frustração de não termos conseguido nos "manter na linha", por isso é fundamental programar as quebras de rotina, assim elas começam a fazer parte do hábito e não serão mais vistas como recaídas ou fracassos. Quando se programa, por exemplo, que em uma festa serão consumidas duas taças de vinho, o cliente pode lidar melhor com isso do que se fosse à festa pensando que não iria beber nada e, quando chega lá, não consegue resistir. Essas taças de vinho fora do programado provocam um sentimento negativo que faz com que, na maioria das vezes, o consumo continue por horas e até dias, até o momento em que se decide retomar as metas propostas. Pensar em nadar do Brasil até a África não é muito estimulante, parece algo muito difícil; porém, se pensarmos que a cada quilômetro teremos uma ilha com comida e água, onde poderemos descansar e então retomar o trajeto, essa jornada parece mais viável. O profissional de saúde não pode deixar de programar as ilhas no caminho do seu cliente.

### Resiliência

**UMA OUTRA FORMA DE TRABALHAR AS RECAÍDAS** é por meio da resiliência. Na física, resiliência é a propriedade que alguns corpos apresentam de retornar à forma original após terem sido submetidos a uma deformação elástica. Christensen (2010) relata que as pessoas resilientes possuem três características básicas:

1. Elas facilmente aceitam a dureza da realidade que elas estão enfrentando (sem terem pena de si mesmas, sem ficarem se perguntando por que isso está acontecendo com elas).
2. Elas encontram significado nos momentos mais difíceis. O autor conta o exemplo de um professor de psicologia que sobreviveu aos campos de concentração de Auschwitz buscando algum significado naquilo que ele estava vivendo no campo. Ele começou a se imaginar dando aulas depois da guerra sobre os aspectos psicológicos de um campo de concentração e assim ajudando as pessoas a entenderem o que tudo aquilo tinha significado para ele e para milhares de pessoas. Ele criou metas concretas para ele mesmo em cima do sofrimento que vivia, achou um propósito.
3. Essas pessoas têm uma inquietante capacidade de improvisar e de se adaptar.

Quando falamos de resiliência podemos trabalhar alguns **ASPECTOS PARA DESENVOLVER** (ver a seguir) essa capacidade: senso de propósito, adaptabilidade, confiança e suporte social.

## Confiança

**É VALORIZAR AS CONQUISTAS,** ajudar o cliente a ver o quanto já evoluiu. Normalmente as recaídas não são como eram antes, são menos intensas, mais leves, e é isso que o profissional de saúde pode ajudar o cliente a observar, com cuidado para evitar um discurso simpaticamente consolador. O ideal é desafiar o cliente para que ele traga todas as conquistas que visualiza. Ou, caso ele já tenha dito em algum momento os benefícios trazidos pelo processo, o profissional pode usar da reflexão para parafrasear o cliente, fazendo-o ouvir o que foi dito anteriormente sobre os ganhos que o processo está apresentando.

## Suporte

**PARA BUSCAR SUPORTE, O PROFISSIONAL** pode perguntar: "Onde o cliente poderia encontrar apoio nesse momento?", "Quais são as pessoas que ele conhece que agem como ele gostaria?", "De que forma essas pessoas conseguem?", "Quem sempre o incentivou a buscar esse novo caminho?" e "O que ele vê agora, e que ele não via antes?".

Um estudo realizado por Lynch (1977) com coelhos trouxe resultados muito interessantes. O objetivo da pesquisa era testar novos medicamentos para aterosclerose, por isso eles ministraram dieta rica em gordura e em colesterol para coelhos com a finalidade de desenvolver problemas relacionados a esse consumo e poder, então, testar seu medicamento. No entanto, os pesquisadores começaram a notar que todos os coelhos das gaiolas mais baixas apresentaram 60% menor gravidade nos problemas cardíacos do que os outros. Foi então que Lynch se interessou em investigar o porquê dessa diferença, uma vez que o alimento fornecido aos coelhos era o mesmo.

Ele descobriu que os coelhos das gaiolas mais baixas recebiam mais atenção e cuidado que os outros, pois toda vez que alguém entra no biotério para fazer algo acabava brincando com esses coelhos. Lynch abandonou os estudos sobre medicamentos e passou a estudar o efeito do suporte, apoio e carinho no combate ou desenvolvimento de doenças. Ele publicou, em 1977, um livro chamado *The broken heart: the medical consequences of loneliness* (*O coração partido: as consequências médicas da solidão*, em tradução livre).

Um estudo da Harvard que vem sendo conduzido há décadas também mostra que a única relação com a felicidade está nos relacionamentos, não no número de relações interpessoais que alguém tem, mas na profundidade dessas relações. O estudo mostrou ainda que pessoas que sabem que têm com quem contar e onde encontrar apoio mantêm a saúde do sistema nervoso central por mais tempo, retardando o aparecimento de perda de memória, por exemplo.[1]

---

1 Disponível em: https://www.ted.com/talks/robert_waldinger_what_makes_a_good_life_lessons_from_the_longest_study_on_happiness?language=pt-br?utm_source=tedcomshare&utm_medium=referral&utm_campaign=tedspread.

## Senso de propósito

**NESSE MOMENTO É FUNDAMENTAL** ter encontrado metas fortes e que tragam recompensas ligadas aos valores pessoais do cliente. Existem dois tipos de recompensa: hedonia (recompensa-H) e eudaimonia (recompensa-E). A primeira refere-se a prazeres superficiais e curtos, enquanto a segunda diz respeito a um sentido ou senso de propósito.

Estudos mostram que se a meta do cliente está apenas relacionada à recompensa-H (como ficar mais magro, entrar nas roupas ou perder peso para ir a uma festa), a chance desse indivíduo manter a motivação em longo prazo é bem pequena. No entanto, quando as metas de saúde e bem-estar são relacionadas a um senso maior de propósito (como poder viver tempo o bastante para curtir os netos ou um marido que quer estar bem e presente para sua esposa e filhos), é mais fácil manter a motivação forte o suficiente para alcançar a meta. As pessoas tendem a focar nas recompensa-H para alcançar seus objetivos, mas buscar motivadores mais intrínsecos oferece a elas motivação para as mudanças de estilo de vida que tanto procuram.

Rodin e Langer realizaram um estudo, em 1977, no qual avaliaram dois grupos de idosos de uma casa de repouso. Um grupo foi encorajado a tomar pequenas decisões como horário de visita, quando queriam ver filmes e cuidar de uma planta que ganharam para enfeitar o quarto. O outro grupo não decidia nada, tudo ficava por conta das enfermeiras, inclusive cuidar da planta. Após 1 ano e meio o grupo que tomava algumas decisões e era responsável pela planta registrou uma taxa de óbito 50% menor do que era esperado. Os autores concluíram que senso de controle, sensação de ser útil e ter conexão com algo, de certa maneira trouxe um senso de propósito na vida dos idosos desse grupo, o que influenciou o seu estado geral de saúde.

Assim, o senso de propósito não está apenas relacionado à felicidade, como mostrado no estudo de Harvard, mas também ao estado geral de saúde.

Adaptabilidade

**EXISTE UMA FRASE DO AUTOR** Jon Kabat-Zinn (2013, p. 576), fundador da Clínica de Redução do Estresse e do Centro de Atenção Plena em Medicina, na Escola Médica da Universidade de Massachusetts, que diz que "para se manter estável é preciso desenvolver a capacidade de se adaptar" (tradução livre dos autores). Essa adaptabilidade é uma característica importante da resiliência e pode ser trabalhada com algumas perguntas que levem à reflexão, como: "Se houvesse outro modo de ver a situação, que modo seria esse?", "Se existisse uma oportunidade nessa situação, que oportunidade seria essa?", "Quais crenças você possui em relação a isso que podem ser questionáveis?", "Quais recursos você não usou anteriormente e que você poderia usar agora?". O objetivo é tentar obter outra visão da situação, mais ampla, saindo da "caixinha" e da forma que normalmente se interpreta os fatos usando nossas crenças, que muitas vezes atrapalham em vez de ajudar.

> **❶ Dica**
>
> Para que se possa ajudar o cliente com essas questões e técnicas é fundamental que o profissional de saúde use em si mesmo essas estratégias, mude a forma de ver as pessoas e de encarar os desafios. Por isso é preciso um *mindset*, uma nova perspectiva.

## Psicologia positiva

**A PSICOLOGIA POSITIVA TEM** exercido um papel muito importante no processo de desenvolvimento de novos hábitos, pois ela preconiza que as ações são consequências de emoções e sentimentos positivos e que, mesmo que os problemas não sejam resolvidos, o fato de focar no positivo, nas forças, e não nas fraquezas, encoraja os clientes a buscarem alternativas para crescer e superar esses desafios. Essa técnica conhecida como "inquérito apreciativo" utiliza cinco **PRINCÍPIOS** (ver a seguir) baseados nas ideias do psiquiatra Carl Jung.

### Relação dos princípios

| | |
|---|---|
| Princípio positivo | Resultados e ações positivas são decorrentes de energia e emoções positivas |
| Princípio construtivista | Energia positiva e emoções surgem a partir de conversas e interações positivas |
| Princípio da simultaneidade | Conversas e interações positivas surgem no momento em que fazemos perguntas e reflexões positivas |
| Princípio antecipatório | Questões e reflexões positivas surgem da antecipação positiva do futuro |
| Princípio poético | Antecipação positiva do futuro surge de atenção positiva no presente |

Fonte: Moore e Ischannen-Moran (2010).

A base da pirâmide é o princípio poético que diz que quanto mais focamos nas coisas positivas do presente, mais positivos seremos em relação ao futuro. O objetivo é focar nas possibilidades, e não nos problemas. E para isso deve-se aprender a valorizar e a viver o momento presente, encontrando sua beleza, seu significado e a sua energia. Dessa forma os problemas não vão desaparecer, mas outras coisas ganham relevância e importância. Um bom coach sempre acha o que valorizar no seu cliente, algo de positivo para focar e assim gerar motivação. E aqui vale um comentário: na maioria das vezes, quando pergunta-se aos clientes "e aí, como foi?", é possível que o coach já tenha reparado que, normalmente, eles sempre começam com o que não deu certo ou com aquilo que não conseguiram fazer. Partindo desse princípio, o desafio do profissional de saúde é levantar as conquistas e os processos positivos ao longo do caminho, por isso a maneira como coloca-se essa primeira pergunta pode mudar tudo. A sugestão é sempre perguntar de forma a levantar os pontos positivos. Então pode-se dizer "o que deu certo nessa semana?" ou "conte-me as coisas boas que aconteceram".

O princípio antecipatório diz que quando se valoriza e se foca no lado positivo são geradas expectativas positivas quanto ao futuro e isso nos move em direção aos objetivos, aumentando a motivação, a expectativa e a resiliência. Não é preciso ir longe para verificar isso: no nosso próprio dia a dia, quando estamos com a mente girando em torno de coisas negativas, nossa energia é uma e a expectativa do futuro não é muito motivadora. Agora, quando nossa mente está positiva, enxergando o lado bom das coisas, nossa expectativa do futuro é cheia de esperança e boa energia.

O próximo princípio na pirâmide é o princípio da simultaneidade, que diz que conversas e interações positivas geram respostas e reflexões positivas. Por isso as perguntas positivas são importantes, fazem com que o cliente conte histórias positivas e se ouça falando de conquistas, mesmo que pequenas, em relação ao seu objetivo.

O princípio construtivista afirma que energia e emoções positivas são geradas por meio de conversas e interações positivas. Esse princípio deixa clara a importância do ambiente e do contexto social na criação de um momento presente gerador de um futuro diferente.

O último princípio da pirâmide, o princípio positivo, afirma que energia e emoção positiva geram ação e resultados positivos. Energia positiva e emoção criam e ampliam o pensamento, expandem a consciência, ampliam a confiança, aumentam a resiliência, geram novas possibilidades e criam uma espiral crescente de aprendizagem e crescimento.

Dessa forma, baseando-se nos cinco princípios de Jung, o desafio do profissional é não focar nos obstáculos e dificuldades do cliente, e sim nos pontos positivos, explorando soluções em conjunto.

Para auxiliar nesse processo algumas ferramentas da psicologia positiva são sugeridas por Martin Seligman (2004), pesquisador que estuda felicidade e é um dos maiores nomes nessa área. Mais uma vez, é importante que o profissional use a ferramenta antes de indicar a qualquer cliente. Um exemplo de onde e como utilizar uma dessas ferramentas: sabe aquele cliente que diz que todo dia precisa de uma dose de uísque para relaxar? Pois bem, nesses casos costuma-se usar a terceira ferramenta (prática do bom dia) para ajudar o cliente a encontrar outras atividades que fazem do dia dele um bom-dia, para que ele não chegue em casa tão esgotado a ponto de precisar beber todos os dias para relaxar. O exercício (Quadro 3.7) é ajudar o cliente a rever as escolhas que tem feito, porque uma coisa é, de vez em quando, comer um

**QUADRO 3.7**  Formulário da técnica "psicologia positiva".

## Psicologia positiva

**Três bênçãos**
1. Defina três coisas boas que aconteceram com você ontem; podem (e devem) ser coisas simples.
2. Identifique por que essas coisas aconteceram e a quem ou a que você é grato.
3. Faça isso antes de dormir todos os dias.
4. Quando algo de ruim acontecer, busque três razões para ser grato nesse momento.

**Carta de gratidão**
1. Escreva uma carta para alguém e coloque nela aquilo pelo que você é agradecido; seja específico, descreva as coisas pelas quais você é agradecido em termos concretos e como o comportamento do outro afetou você, como o beneficiou e o que você aprendeu.
2. Permita-se entrar em contato com o sentimento de gratidão enquanto escreve.
3. Leia e releia a carta para certificar-se de que ela capta seus sentimentos e sentidos.
4. Se for o caso, leia ou entregue a carta para a pessoa.

**Prática do bom dia**
1. Escreva seis coisas que acontecem em um bom dia para você.
2. Classifique os itens em ordem de importância.
3. Formule estratégias para maximizar esses itens, isto é, para colocar mais dessas atividades no seu dia a dia.

pedaço de chocolate porque o dia foi exaustivo e ele tem a sensação de "eu mereço" – o que é ok; agora, se todo dia ele precisa dessa recompensa, é necessário olhar para essa rotina e descobrir o que é tão duro, tão pesado na vida que torna preciso ele se recompensar todos os dias.

Essa é a diferença da abordagem do coaching: esse profissional ajuda o cliente a olhar e a avaliar suas escolhas e a agir para modificá-las, construindo gatilhos para que ele consiga colocar a teoria em prática. Diferentemente da terapia, nesse processo não se olha para o passado, buscando as origens das nossas emoções e atitudes, e sim sempre o futuro e as ações (Seligman, 2004).

No livro *Felicidade autêntica*, Seligman (2004) diz que quando começou a estudar felicidade ele pensava que quem era feliz era grato, mas, na verdade, ele descobriu aos poucos que quem é grato é que é feliz.

> **❶ Dica**
>
> Temos a tendência de focar e dar mais valor às coisas ruins, ao lado escuro e negativo. Muitas vezes temos várias boas notícias e uma única novidade ruim, mas o que fica mais presente na nossa mente é a novidade ruim. O coach Brendon Buchard costuma dizer que é tolice focar na sombra que existe no canto da sala e não notar que, se a sombra existe, é porque a sala está iluminada. Então pergunte a si mesmo: de 1 a 10, quanto eu estou trazendo de alegria e gratidão nesse momento? Outro exercício é procurar por algo que possa ser grato mesmo em momentos negativos, por exemplo, ao furar o pneu do carro quando você já está atrasado para o preparo do jantar para sua família; o pneu só furou porque *você tem carro*, você vai se atrasar para o jantar da família porque *você tem família*, uma casa e pessoas que amam você e o esperam.

Essa descoberta representa um grande desafio para o profissional de saúde, uma vez que a mente humana produz cerca de 60 mil pensamentos por dia, dos quais aproximadamente 80% são negativos. Parte disso acontece porque vivemos extremamente conectados hoje em dia, sem tempo para respirar, para nos conectar conosco. Isso gera um processo denominado por Augusto Cury (2013) como Síndrome do Pensamento Acelerado (SPA). Somos livres para pensar, mas não dominamos nossos pensamentos e quanto mais nos conectamos com a tecnologia e com a velocidade da informação, mais perdemos o controle do que pensamos. Isso também acontece porque muitos de nós respondem ao aumento da demanda de trabalho trabalhando mais horas, o que inevitavelmente compromete nosso tempo com atividade física, família, amigos; reduz o nosso tempo e qualidade de sono, o cuidado com a nossa alimentação; e nos leva a um ritmo ainda mais acelerado, ocasionando queda de rendimento, sensação de culpa e frustração. O que fazer, então, e como o coach pode ajudar os clientes que se encontram nessa situação?

O desafio aqui é colocar o foco no lugar correto, já que geralmente focamos no lugar errado; em vez de administrar o tempo, deveríamos administrar nossa energia. Tempo é um recurso limitado, o dia nunca terá mais do que 24 horas, enquanto que energia é renovável. Em física, energia é a capacidade de realizar trabalho, e essa capacidade pode ser expandida buscando estratégias em quatro áreas:

- **FÍSICA.** Aumentar tempo de sono, reduzir estresse com prática regular de atividade física, fazer pausas a cada 60 a 90 min de trabalho.
- **MENTAL.** Definir horários fixos para checar e-mails, retornar ligações e organizar a agenda para começar o dia com o que é mais importante. Quantas vezes não abrimos nos-

so e-mail no trânsito (o que pode ser muito perigoso se você estiver na direção) ou em alguma situação na qual não vamos conseguir resolver as pendências que estiverem em nossa caixa de e-mails? Por que, então, clicar naquele envelope com tanta frequência? Ver que tem algo para resolver e não poder resolver na hora só vai trazer mais ansiedade e sensação de urgência para o nosso dia. Você já ouviu falar da apneia do email? O livro chamado *A terceira medida do sucesso* (Huffington, 2014) aborda bastante essas questões. Estudos mostram que um usuário típico de *smartphone* checa seu email 150 vezes ao dia; levamos pelo menos um minuto para se recuperar de cada e-mail lido. Dá para imaginar o que estamos fazendo com nosso cérebro ao longo do dia? É fácil entender por que a mente fica tão agitada e fora do momento presente (esse assunto será retomado na discussão sobre *mindfulness*).

- **ESPIRITUAL.** O que torna o nosso dia excelente? Quem ou o que carrega nossa bateria? O profissional de saúde deve encontrar essas respostas e se esforçar para pôr mais disso em seu dia ou ajudar seu cliente a pensar como ele também pode melhorar sua alegria no dia a dia. Seligman (2004) fala muito de ter *joy* (alegria) no dia, nas atividades diárias – o que é muito diferente de ser feliz. A maioria das pessoas, quando questionadas se são felizes, respondem que sim, mas isso é muito diferente de fazer as atividades do dia com energia e alegria. Acho que todos nós conhecemos algumas pessoas que estão sempre alegres, com aquele sorriso aberto, cheia de energia no dia, mas não é a maioria.

- **EMOCIONAL.** Devemos nos encher de energia positiva, expressando reconhecimento e gratidão às pessoas. Quantas vezes não deixamos de demonstrar nossa gratidão no nosso cotidiano e vamos vivendo no piloto automático, perdendo a capacidade de apreciar e contemplar as pequenas coisas do nosso caminho? Sair desse piloto automático e valorizar o momento presente é um aprendizado.

Vivemos tão agitados, cumprindo uma longa lista de tarefas, e tão conectados com a tecnologia que nossa mente fica extremamente agitada e fora do momento presente. Só que ao perder o presente perde-se o único momento real e verdadeiro que vivemos. Muitas vezes nossa mente fica vagando nas preocupações, antecipando um futuro que pode nem chegar e que na maioria das vezes não chega como imaginado. Quantas vezes algo de ruim que foi imaginado acabou acontecendo exatamente da maneira como pensado? E quantas vezes aconteceu algo ruim que não havia sido imaginado e, mesmo assim, foi possível superar? Existe uma frase que diz o seguinte: "houve coisas terríveis na minha vida, mas a maioria nunca aconteceu". No entanto, a mente humana não vem com o botão de desliga. Então como lidar com isso e como o profissional pode ajudar o seu cliente?

Quando se pegar ansioso com o futuro ou remoendo o passado, deve respirar fundo, voltar para o presente e se reconectar com a realidade – o que também vale como dica para os seus clientes. Como fazer isso? Ele deve seguir estes passos, perguntando-se:

1. Isso é real ou é fruto da minha imaginação e antecipação? Um exercício simples: a palavra problema não existe, existem decisões a serem tomadas. Se não há o que fazer, ou é porque tudo é imaginação, uma situação que ainda não ocorreu e está sendo criada, ou é necessário aprender a aceitar aquilo que não pode mudar. "Aceitar as coisas que não posso mudar, coragem para mudar as coisas que posso e sabedoria para distinguir a diferença entre elas."

2. Ok, se de fato a previsão se concretizar, qual é a pior coisa que pode acontecer? Uma das grandes causas do medo é justamente o desconhecido. Quando uma criança diz: "Estou com medo do escuro"; uma resposta de um adulto pode ser: "Então acenda a luz". Na maior parte das vezes, o pior que pode acontecer não é tão trágico quanto a nossa mente tenta nos fazer acreditar que é.
3. Quais são todas as potenciais consequências? E quais são as alternativas a isso? Quanto mais se pensa sobre tudo o que pode acontecer, mais fácil é tirar o poder do medo e aumentar a confiança em lidar com o que pode vir. Não se trata da crença de que tudo será fácil, de que não haverá desafios ou experiências dolorosas, mas a confiança de que, aconteça o que acontecer, seremos capazes de encontrar uma saída.

Como diz um provérbio chinês, "você não pode impedir que as aves da preocupação e da insegurança sobrevoem sua cabeça, mas não precisa deixar que elas construam um ninho em seus cabelos".

> **❶ Dica**
>
> Olhar para tudo isso é extremamente importante, não apenas para o desenvolvimento pessoal do coach, mas também para ele ser mais capaz de ajudar o seu cliente a olhar para isso também, uma vez que hábitos não saudáveis podem ser incorporados como estratégia para lidar com essas questões de ansiedade, falta de organização, planejamento.

Uma técnica que trabalha muito essa questão do momento presente é chamada de *mindfulness*. *Mindful* significa estar presente no momento presente, uma vez que a vida só acontece agora, nesse momento. No entanto, nossa mente passa a maior parte do dia remoendo o passado ou antecipando o futuro, e não prestamos atenção ao presente. Quem nunca saiu de casa e não lembrou se fechou a porta ou se desligou o forno? Isso ocorre, muito provavelmente, porque quando fazemos essas tarefas não estavámos prestando atenção nelas e sim pensando no que viria a seguir.

A técnica de *mindfulness* propõe que o indivíduo se conecte com o momento presente. Tendo em vista que não temos uma "chavinha" para desligar nossa mente, direcionar nosso pensamento para o momento presente é uma excelente maneira de desacelerar o pensamento. É a mesma estratégia proposta pela meditação – ao contrário do que algumas pessoas imaginam, meditar não é não pensar em nada, isso é impossível, e sim direcionar o pensamento para a respiração, por exemplo, ou para perceber cada parte do corpo. O mais interessante dessa técnica é que pode-se lançar mão dela a qualquer momento do dia. Muitos clientes a praticam durante a corrida, prestando atenção na respiração, nos dedos do pé, na pisada, nos músculos que estão atuando em vez de deixar a mente levá-los para o alto percentual de pensamentos negativos que produzimos.

## Manutenção

**NA FASE DE MANUTENÇÃO,** na escala de prontidão para mudança, deve-se:

- Expressar confiança na habilidade do cliente de seguir adiante.
- Encorajar o cliente a descrever o que ele realmente quer agora, em relação ao tópico que está sendo trabalhado.

- Explorar os pontos fortes, valores ou ambientes que o cliente pode desenvolver, melhorar, utilizar para seguir adiante.
- Explorar o balanço decisório e desenvolver discrepância quando o cliente apresentar ambivalência, uma vez que esta pode aparecer em outras questões.
- Engajar o cliente em *brainstormings* sobre os possíveis caminhos e estratégias que podem ser utilizados em situações nas quais ele ainda não alcançou o que desejava.

Esse último tópico é muito valioso, pois ajuda o cliente a ter ideias e a buscar novas estratégias. Lembre-se de que sempre que a sugestão partir do cliente maior será a chance de ela ser colocada em prática, então, nessa hora, quando o cliente não tem alternativas, pode-se propor um *brainstorming*, em que profissional e cliente, os dois, farão sugestões – mas no fim o cliente é quem vai escolher por onde começar.

Outra ferramenta bastante útil não apenas nessa fase de manutenção, mas em qualquer momento em que houver algo que o cliente não consegue evoluir (por exemplo, iniciar um programa de atividade física ou não beliscar após o jantar) é chamada de "campo de força" (Quadro 3.8). O seu objetivo é descobrir quais as forças que ajudam e quais as que atrapalham a mudança desejada, para então traçar metas que minimizem as forças contrárias e fortaleçam as forças impulsionadoras.

Inicialmente, define-se o problema: qual o comportamento atual (por exemplo, beliscar após o jantar) e qual o desejado (parar de beliscar após o jantar). Então, pergunta-se ao cliente quais as forças que o ajudam, o impulsionam em direção ao objetivo desejado (por exemplo, deixar algo para comer mais tarde, logo após o jantar escovar os dentes, ler em vez de assistir à televisão) e também as forças contrárias

**QUADRO 3.8** Formulário da ferramenta "análise do campo de força".

## Análise do campo de força

1. Defina sua situação atual (o problema). Descreva o problema que você está enfrentando e para o qual deseja encontrar uma solução.
2. Defina o seu objetivo (resultado esperado). Descreva de forma sucinta como seria o resultado esperado da solução para o problema; a melhor forma para que você se sinta plenamente satisfeito.
3. Identifique todas as possíveis forças impulsionadoras. Faça uma lista das possíveis forças impulsionadoras que podem lhe auxiliar neste processo.
4. Identifique todas as possíveis forças contrárias. Faça uma segunda lista com as forças contrárias que podem prejudicar ou inteferir no desenvolvimento desse processo.
5. Analise as forças, concentrando-se em:
    - Redução das forças contrárias de resistência.
    - Fortalecimento ou adição de forças impulsionadoras e favoráveis ao processo.
6. Desenvolva um plano de ação para atender aos itens anteriores utilizando as metas *Smart*.

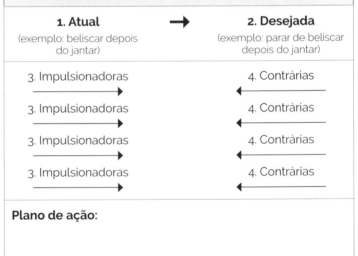

(nesse exemplo, pode ser bem interessante, como assistir à novela que não gosta, mas que o parceiro quer muito que veja com ele, e acabar ficando com um pote de bombom ao lado para distrair, ou ler e-mails de trabalho após o jantar, o que aumenta a ansiedade). De posse disso, trabalha-se para minimizar as forças contrárias e as armadilhas, e fortalecer os gatilhos favoráveis – sempre com metas *Smart*.

# Ferramentas adicionais

## Introdução

**AS FERRAMENTAS ADICIONAIS PODEM** ser usadas a qualquer momento do processo, quando for preciso ajudar o cliente em situações como:

- Encontrar uma direção.
- Lidar com crenças limitantes.
- Analisar um problema e tomar uma decisão.
- Controlar o estado emocional.
- Administrar melhor o seu tempo.

Novamente, é importante que o profissional de saúde aplique nele mesmo essas ferramentas antes de usá-las em seus clientes.

## Encontrar uma direção

**OS VALORES DE UMA** pessoa deveriam governar suas decisões e guiá-las sempre. No entanto, muitas vezes vamos cumprindo tarefas, enchendo as agendas e aumentando a sensação de vazio que temos dentro de nós apesar de o dia estar cheio de atividades e mal termos tempo para dar um telefonema a um amigo. Nessa situação, é comum a comida entrar como uma recompensa ou válvula de escape.

É possível passar o dia resolvendo uma lista de afazeres dos quais poucos estão diretamente relacionados com nossos valores, com o que é importante para nós. As pessoas vivem tão preocupadas em "fazer" e "ter" coisas que esquecem quem são, esquecem do "ser". Isso resulta em uma sensação de vazio, de buraco interior, que acaba sendo preenchido com comida, bebida, entre outras coisas.

Nesse momento, é possível fazer um exercício (Quadro 4.1) e descobrir quais são os valores do cliente. Não vai ser muito fácil responder a uma questão tão elementar, mas conhecer os valores mais relevantes para eles os permitirá negociar internamente, de forma inteligente, resultando em melhores tomadas de decisões, que não afetem esses seus princípios ou minimizando o impacto sobre eles. Os valores trabalham de forma hierárquica entre eles e podem variar ao longo da vida.

> **❶ Dica**
>
> Ter sempre conosco nossos valores e deixar que eles guiem nossas pequenas decisões corriqueiras trazem maior sensação de bem-estar, plenitude e alegria, facilitando as escolhas mais racionais.

**QUADRO 4.1**  Formulário de identificação de valores.

## Identificação de valores

**1. Definindo os seus valores**

Liste de 12 a 15 dos seus valores. Algumas sugestões são apresentadas a seguir, mas fique livre para adicionar qualquer novo valor à lista.

Aventura  Afeto  Autenticidade  Equilíbrio  Mudança  Dinamismo  Comunidade  Conexão  Contribuição  Compartilhamento  Criatividade  Disciplina  Energia  Família  Liberdade  Amizade  Diversão  Crescimento  Harmonia  Honestidade  Independência  Inovação  Integridade  Aprendizado  Amor  Lealdade  Ordem  Organização  Paz  Prazer  Sexo  Sensualidade  Propósito  Poder  Reconhecimento  Respeito  Espiritualidade  Segurança  Sucesso  Confiança  Saúde  Sabedoria

Algumas perguntas que você pode se fazer para ajudar a identificar quais são os seus valores:
- O que é importante para você?
- Quais são as suas verdades e crenças?
- O que você defende?
- O que deixa você acordado à noite?
- O que faz você dormir em paz?
- O que você realmente quer?
- Que características incomodam você em outra pessoa? (Esta pergunta é muito esclarecedora no sentido de ajudar a descobrir quais valores são importantes para você. Normalmente a falta dele em alguém chamará muito sua atenção. Por exemplo: se uma pessoa injusta lhe incomodar muito, significa que justiça é um valor importante para você).

*(continua)*

**QUADRO 4.1** Formulário de identificação de valores. *(continuação)*

## Identificação de valores

### 2. Agrupando valores

Veja como os valores da sua lista podem ser agrupados e elimine aqueles que são redundantes (por exemplo, integridade e honestidade). Refine sua lista reduzindo o número de valores para no máximo nove.

### 3. Separando valores de meio de valores finais

Alguns valores são importantes, mas são apenas um caminho para um objetivo final, ou seja, são valores de meio, que levam você a *valores finais*. Dinheiro, casa e trabalho são, por exemplo, valores de meio.

O dinheiro pode dar origem aos valores de segurança, liberdade, paz e diversão. A casa pode originar valores como segurança, espaço e alegria. Já o trabalho pode resultar em valores de propósito, energia e liberdade. Os valores finais normalmente são experimentados como sentimentos: amor, paz, liberdade, autoestima, confiança, poder, honestidade, conhecimento e alegria. São conceitos que você não pode trocar, mas intuitivamente sabe quando tem e quando não tem.

Pegue a sua lista de nove valores e se pergunte sobre cada um deles: "O que este valor me dá?". Continue se fazendo essa pergunta até ter certeza de que chegou aos seus valores finais, eliminando os valores de meio.

### 4. Priorizando valores

Coloque os seus nove valores em ordem de prioridade.

**Por que a sessão de valores valeu a pena para você?**

## Lidar com crenças limitantes

**TODOS NÓS POSSUÍMOS CRENÇAS** que atrapalham nossa jornada, chamadas de crenças limitantes. Crença é toda certeza que dispensa prova. Não é porque alguém chamou uma pessoa de incapaz que isso é verdadeiro. Não é porque um relacionamento não deu certo uma vez que toda vez será igual. Não é porque tudo ainda não está como uma pessoa deseja em sua carreira e vida pessoal que ela não vai conseguir alcançar isso um dia.

Algumas crenças vão sendo lentamente instaladas na nossa mente por meio de frases que ouvimos com frequência na nossa infância, às vezes dizendo que não éramos bons em alguma atividade ou que certa profissão não dava dinheiro. No entanto, escolher uma vida melhor, seja no âmbito profissional, pessoal ou dos cuidados com a saúde, por exemplo, começa com um passo aparentemente simples: assumir a responsabilidade pelas nossas escolhas e, muitas vezes, contestar crenças que limitam nossa evolução – o que acaba se mostrando mais complicado com o tempo.

É muito importante ter consciência disso e buscar ser mais otimista em relação a si mesmo. Fazer essa nova programação mental é fundamental, pois quando se passa a ver o lado positivo e a trabalhar suas habilidades e pontos de melhoria, focando no que se tem de melhor, as crenças limitantes vão diminuindo a cada dia. No início, um grande desafio para o coach é identificar essas crenças, tanto neles mesmos quanto em seus clientes, mas com o tempo é possível perceber que elas aparecem em frases que se repetem frequentemente na fala de uma pessoa.

Outro dia, em um curso que estávamos ministrando, apareceram dois casos interessantes. Um de uma pessoa que há 7 anos administrava bem sua clínica e empresa, no entanto, ela continuava achando que não era capaz de administrar o negócio. Cresceu ouvindo seu pai dizer que não era boa e, mesmo após anos fazendo bem esse trabalho, ainda não havia se livrado dessa crença. Outro caso foi o de uma aluna que acreditava que tinha dificuldade em aprender qualquer coisa, que não seria capaz de adquirir novos conhecimentos. No entanto, ela estava fazendo residência em Nutrologia, ou seja, como alguém que entra em Medicina, acaba o curso e entra na residência não é capaz de aprender?

Para identificar crenças limitantes, é necessário prestar atenção nas frases que "pulam" com frequência na mente de uma pessoa, como: "Eu não consigo!", "Nunca saberei como resolver!", "Não sou bom nisso!". Então, deve-se utilizar a ferramenta a seguir, chamada de "crenças limitantes", para desafiá-las (Quadro 4.2).

O profissional deve se lembrar de que crença é toda certeza que dispensa prova, e que, por isso, só pode ser desconstruída se de fato for uma crença. Uma aluna estava aplicando a ferramenta em outra colega durante um curso e não estava conseguindo descontruir uma crença que a colega tinha de que ela era desorganizada. Foi quando perguntamos: "Você é desorganizada?", e ela respondeu: "Sim, completamente. Nunca sei onde guardo as coisas, meu quarto é uma bagunça e por aí vai". Nesse caso jamais seria possível desconstruir isso, porque não era uma crença, era uma verdade, uma característica. Por isso, deve-se prestar atenção ao usar a ferramenta, pois se o fato for real, não há o que desconstruir. Com o cliente, a maneira mais fácil de descobrir uma crença é prestar atenção nas frases que aparecem frequentemente na fala dele.

A importância em desfazer as crenças limitantes é que, se a pessoa permanecer acreditando nessa crença, aquilo se tornará real. Nós criamos nossa realidade, por isso destruir

**QUADRO 4.2**  Formulário do método "crenças limitantes".

## Crenças limitantes

**PASSO 1:** identifique as ideias fixas, ou crenças limitantes, que habitam os pensamentos do seu cliente.

**PASSO 2:** responda e reflita sobre as seguintes questões:
- Essa crença é lógica?
- Quão realista é essa crença?
- Ela é um fato ou uma interpretação?
- Existe alguma evidência disso?
- Quanto ter essa crença ajuda você?
- O que você ganha ou perde com essas afirmações?
- Agrada a você pensar assim?
- Como essa crença ajudou você a realizar determinado objetivo?
- De que forma essa crença ajuda você a encontrar uma solução para os seus problemas?
- Quais as vantagens de acreditar nisso?
- Quais os benefícios de acreditar nisso?
- O que você perde acreditando nisso?
- Quais as desvantagens em acreditar nisso?
- Quais os custos de acreditar nisso?
- O que aconteceria se você tivesse uma nova visão dessas situações?

**PASSO 3:** criando uma nova crença.
- Qual seria uma nova crença efetiva?
- O que você gostaria de pensar no lugar disso?
- Quanto ter essa nova crença pode ajudar você?

**PASSO 4:** criando uma forma de interromper o padrão de pensamento.

O método mais indicado e utilizado é um elástico no pulso. Sempre que perceber o padrão de pensamento negativo, estique o elástico e solte-o no pulso, interrompendo desta forma o padrão de pensamento, dizendo "mentira – a verdade é que _____" (e preenchendo a lacuna com novos pensamentos, frases curtas e objetivas, de preferência positivas e que sejam significativas para o cliente).

crenças que limitam nossa evolução é tão importante, e isso vale para os clientes do profissional de saúde também. É preciso saber que, além disso, essas crenças servem de desculpas para manter a inércia ou justificar alguma situação. Elas podem trazer ganhos secundários e esses ganhos, por vezes, as fortalecem. O desafio aqui é descobrir, com o uso da ferramenta, se essa crença está mais ajudando ou atrapalhando no processo.

Na primeira parte da ferramenta existem várias perguntas que servem para trazer à vista os ganhos e perdas com essa crença. Se ela é real, quais fatos a sustentam e assim por diante. Na segunda parte a ideia é construir uma nova crença e um gatilho para mudar esse pensamento fixo. Em um primeiro momento, o profissional pode aplicar a ferramenta nele mesmo, desconstruindo alguma crença que tenha, surpreendendo-se com quantas vezes é preciso puxar o elástico para mudar o pensamento de início – tarefa que, depois, vai ficando automática.

## Analisar um problema e tomar uma decisão

**MUITAS VEZES O DESAFIO** é escolher entre duas opções e isso vale para muitas situações na vida, desde o destino de férias até por qual tratamento de saúde optar. O profissional de saúde pode aplicar a ferramenta **"SWOT ESTRATÉGICO"** (ver a seguir) em qualquer momento que perceber que o seu cliente está entre duas situações, sem saber qual escolher. Escrever os pontos fortes e fracos, as oportunidades e as ameaças de cada situação resulta em muita clareza e facilita a decisão.

Essa ferramenta foi desenvolvida para ser utilizada no meio corporativo e hoje é amplamente aplicada em várias

Ferramentas adicionais

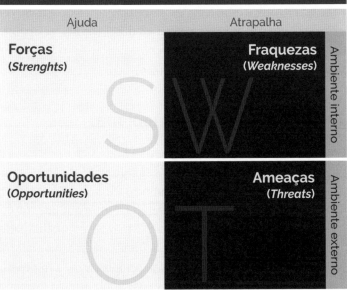

**Força**
Quais são os pontos fortes de cada situação? Quais os benefícios e ganhos de cada um?

**Oportunidades**
Quais oportunidades existem para cada situação?

**Pontos a melhorar**
Quais são os pontos fracos de cada situação? Quais as perdas ou consequências de cada um?

**Ameaças**
Quais ameaças ou riscos existem para cada situação?

**Conclusão**
O que você conclui a partir desse quadro? Colocando tudo na balança, qual você acha que é a melhor opção?

áreas. Swot é uma sigla vinda do inglês, representando as palavras forças (*strengths*), fraquezas (*weaknesses*), oportunidades (*opportunities*) e ameaças (*threats*). O objetivo é avaliar o lado que favorece uma escolha (lado claro – pontos fortes e oportunidades), contra o lado negativo (lado escuro – pontos fracos e ameaças) de se optar por ela, escrevendo e explorando o máximo possível os dois cenários e, depois, pedindo para o cliente olhar a ferramenta, se for o caso levar para casa e refletir sobre ela.

## Controlar o estado emocional

**EXISTE UMA FRASE QUE** diz que "quanto mais algo que você leu ou ouviu incomodou você, mais tempo você deveria levar para responder, do contrário maior é a chance de *reagir*, e não *responder*". E quantas vezes não há arrependimento do que foi dito, ou escrito, mas não existe mais a possibilidade de voltar atrás? Isso ocorre porque funcionamos, na maioria das vezes, da seguinte maneira: pensamos algo, isso desencadeia um sentimento e então agimos. Lembra-se do exemplo no trânsito, apresentado para discutir o julgamento? Se pensamos que alguém foi folgado e apressadinho, isso provoca um sentimento e uma resposta ruim (xingar, fechar o motorista de volta etc). Agora, se pararmos para pensar que não sabemos os motivos para a pessoa ter agido assim, o sentimento é de neutralidade e não há resposta.

A ferramenta "modelos dos 6 segundos" (Quadro 4.3) ajudará a neutralizar a reação e favorecer uma resposta mais adequada. Ela pode ser ensinada ao cliente e utilizada pelo coach também. A ferramenta propõe que primeiro seja identificada qual é a reação ruim e qual é a reação desejada. Depois, deve-se identificar quais são as emoções ruins que levam a essa reação. O terceiro ponto é achar o gatilho, qual pensa-

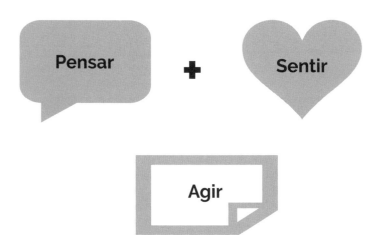

mento dispara a emoção e o que vem imediatamente antes da reação. Por fim, incia-se um treinamento para que ao apresentar o mesmo gatilho, nas próximas vezes, o cliente pare e pense em algo, como lembrar o nome de seis dos sete anões ou de seis países, qualquer coisa que tire o foco daquela situação e quebre o padrão de resposta. Não vale ser algo muito simples, como contar até seis, porque isso pode ser feito tão rapidamente que não é suficiente para romper a reação e chamar o córtex cerebral para participar do processo de montagem da resposta. O último passo é encontrar três frases positivas para serem pensadas naquele momento, trazendo boas emoções para a situação e rompendo as reações intempestivas.

É comum o cliente relatar que comeu por impulso depois de uma briga ou discussão. Quando pergunta-se a ele como ele se sente em relação a isso, normalmente a resposta é de que ele gostaria de conseguir ter outra reação, porque depois fica arrependido e frustrado por ter comido daquela forma. Neste exemplo, esse seria o passo 1 da ferramenta: identificar o comportamento atual (comer como reação à discussão) e o

**QUADRO 4.3** Formulário da ferramenta "modelo dos seis segundos".

## Modelo dos seis segundos

### 1. Determine o problema
Qual é o estado atual? Qual é o estado desejado?

### 2. Determine as emoções negativas (às vezes é necessário relembrar com mentalização)
Quais são as emoções negativas que limitam sua *performance*?

### 3. Determine o gatilho
Qual evento dispara as emoções? (É algo que você pensa, vê, ouve ou sente?)

#### Lidando com emoções limitantes

### 4. Espere seis segundos
Estabeleça uma pausa de seis segundos entre o estímulo e a reação (emoção negativa). Por exemplo: conte até seis em outra língua, fale o nome de seis capitais ou de seis anões (os sete anões são Zangado, Soneca, Dengoso, Feliz, Dunga, Mestre, Atchim).

Estabeleça de três a quatro frases positivas para serem ditas ou pensadas após os seis segundos.

### 5. Pratique um ensaio mental
Juntos, cliente e coach devem trabalhar para ampliar as opções de atuação do cliente por meio de ensaio mental, simulando um desafio futuro.

comportamento desejado (não usar a comida nessas situações). No passo 2, muitas vezes descobre-se que o sentimento que desencadeia a ação (nesse caso, comer) é a raiva. Então, deve-se abordar o gatilho – o que o cliente sentia, pensava ou ouvia imediatamente antes de ter a reação (passo 3 da ferramenta). Às vezes é uma frase que vem à cabeça dele, dizendo: "lá vem ela de novo". O passo 4 é, após essa frase vir à cabeça, parar e lembrar o nome de seis dos sete anões, por exemplo. Começar pelo Zangado é uma boa, porque normalmente é como a pessoa está se sentindo naquele momento. Também é importante o cliente encontrar três ou quatro frases positivas nas quais ele poderá pensar após lembrar os nomes dos anões. Portanto, a ferramenta consiste em, assim que o gatilho for ativado ("lá vem ela de novo"), lembrar o nome dos seis anões e lembrar das frases positivas (passo 5 da ferramenta).

## Administrar melhor o seu tempo

**QUANTAS VEZES OUVIMOS AS PESSOAS** dizendo que gostariam de fazer mais exercícios físicos ou de cuidar mais da sua alimentação, sair mais com os amigos, mas que falta tempo? É engraçado pensar, mas como as pessoas tinham tempo de fazer essas coisas antigamente, sem tanta tecnologia para auxiliá-las? Antigamente quando as pessoas iam à feira sempre paravam para tomar um café na vizinha e bater papo. Nas férias de verão, as crianças brincavam na rua e os adultos jogavam conversa fora, sem celular, sem tablets, sem correria. A sensação de estar atrasado não fazia parte do nosso dia a dia, era a exceção.

Hoje tudo está mais moderno, mais prático, mais fácil, mais acessível e nós estamos sempre com a impressão de que estamos devendo algo para alguém. Um trabalho para entregar ou uma visita a um amigo cujo filho nasceu já vai fazer um ano. Gostaríamos de ter mais tempo para fazer as nossas coisas. Boa parte disso ocorre porque não aproveitamos a tecnologia para termos mais tempo livre, aproveitamos o tempo livre para colocarmos mais coisas no nosso dia.

Dois desafios importantes são saber dizer não e saber dar prioridade. Com tantos e-mails e mensagens inundando nossas vidas diariamente, é desafiador separar o que realmente importa, até porque quanto mais envolvidos e atolados estamos, maior a sensação de que tudo é importante, de que não podemos deixar de ler um e-mail etc. Nessa hora é preciso parar, avaliar o que realmente é importante e determinar as prioridades. Por isso as duas ferramentas apresentadas a seguir podem ser usadas pelo profissional de saúde com o seu cliente para ajudar na administração do tempo.

Essas ferramentas, como a do Quadro 4.4, servem para ajudar a olhar para a rotina e organizar melhor as prioridades. Nesse momento é importante ajudar o cliente a parar e pensar o que está em primeiro lugar na vida dele. E na prática, o que ele realmente coloca em primeiro lugar na vida? Se as suas duas respostas forem iguais, ele age de acordo com suas reais prioridades. Agora, se as repostas forem diferentes, talvez ele precise rever suas atitudes.

> **❶ Dica**
>
> Algo que o profissional deve sempre lembrar aos clientes é aquela frase que costumamos ouvir no avião: "Em caso de uma inesperada despressurização da cabine, máscaras de oxigênio para uso individual cairão automaticamente. Puxe uma das máscaras para liberar o fluxo, coloque-a sobre o nariz e a boca e puxe as tiras laterais para ajustá-la. Respire normalmente. Auxilie crianças ou pessoas com dificuldades após ter colocado a sua máscara *primeiro*". O coach deve pensar nisso e ajudar o seu cliente a pensar no mesmo quando for decidir as prioridades.

**QUADRO 4.4** Formulário da ferramenta "administração do tempo".

## Administração do tempo

**Passo 1: avaliar as atividades diárias**

Como você descreveria sua agenda diária?
Descreva a sua rotina. (Este é o passo mais importante. Tente descrever sua rotina de forma completa.)

**Passo 2: classificar as atividades em ABCDE**

Esta é uma análise de nossas atividades diárias. A seguir, a classificação de cada item:
- A – Alto impacto. Atividades de grande importância com consequência altamente positiva. Quais das suas atividades diárias trazem melhores resultados para sua vida como um todo?
- B – Médio impacto. Atividades importantes, mas caso não sejam realizadas não trazem grandes consequências. Quais de suas atividades são importantes, mas trazem poucos benefícios para sua vida como um todo?
- C – Baixo impacto. Atividades que são boas, mas não possuem nenhuma consequência. Quais de suas atividades não são importantes, não são urgentes e não possuem nenhuma relação com o meu objetivo?
- D – Delegáveis. Quais de suas atividades podem ser transferidas para outras pessoas?
- E – Elimináveis. Quais atividades você vê na sua agenda, mas sente que estão desperdiçando seu tempo?

**Passo 3: reprogramar**

Reprogramar eliminando as atividades classificadas com a letra E, além de programar-se para delegar as classificadas com a letra D. Concentrar a energia nas A e B.

A **SEGUNDA FERRAMENTA** (ver a seguir), proposta por Stephen Covey (1989), consiste em um gráfico que deve ser preenchido levando em conta urgência e importância, mas sempre pensando no que é urgente e importante para quem faz o quadro. Covey propõe que as prioridades sejam elencadas na seguinte ordem: resolver primeiro o quadrante 1 (coisas urgentes e importantes), agendar para resolver as questões do quadrante 2 (coisas importantes, mas não urgentes), delegar o quadrante 3 (coisas urgentes, mas não importantes) e ignorar o quadrante 4 (coisas que não são consideradas nem urgentes, nem importantes).

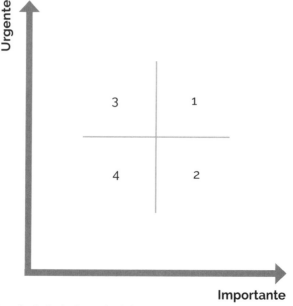

Fonte: adaptada de Covey (1989).

> **❶ Dica**
>
> Existe uma técnica, abreviada como Ohio (*only handle it once*, isto é, apenas lide com isso uma vez), para auxiliar a resolver os e-mails, por exemplo. Ela nos ensina a ter um horário para olhar o e-mail; ao abrir uma mensagem, responda-a, arquive-a, agende o que tem de ser feito ou já a delete. A ideia é: se você não vai ter tempo de resolver, não abra seu e-mail naquele momento – isso só vai nos trazer estresse.

# Questões adicionais

(Abreu, 2013; SBC, 2014)

## Para apoiar o aprendizado

- O que você vê agora que você não via antes?
- Como esse novo entendimento muda seu modo de ver a situação?

## Para desafiar crenças limitantes

- De que modo esse pensamento contribui para que você encontre uma solução?
- O que você ganha pensando assim? E o que você perde?

- Qual é a evidência de que isso é verdade?
- Isso é uma interpretação ou um fato?

## Para enxergar além dos obstáculos e antever oportunidade

- Se existisse uma oportunidade nessa situação, que oportunidade seria essa?
- Se essa situação fosse uma chance para virar o jogo a seu favor, o que você faria?

## Para chamar à responsabilidade (muito útil para usar com os clientes que sempre justificam seu comportamento colocando a responsabilidade em outras pessoas)

- O que você (e só você) pode fazer para mudar essa situação?
- Se a solução dependesse apenas de você, o que você faria?
- Como você pode assumir total controle por seu objetivo?
- O que você pode fazer para minimizar as influências externas na realização de seus objetivos?

## Para colocar foco no futuro

- O que você gostaria de ser, ter ou fazer daqui a 1 ano? E daqui a 5 anos? E daqui a 10 anos?
- Qual é o seu futuro ideal?

## Para explorar novas opções

- Se houvesse outro modo de ver a situação, que modo seria esse?
- Se você tivesse o poder de resolver isso, o que você faria?
- O que está impedindo você de realizar seu objetivo?

## Para gerar ação

- O que você pode fazer agora para começar a realizar seu objetivo?
- O que você não está fazendo, e que se fizesse, o ajudaria a atingir mais rapidamente os seus objetivos?
- Por onde você quer começar?
- Qual o primeiro passo para mudar essa situação?

## Para lidar com medo e gerar coragem

- Qual é hoje o seu maior medo com relação à mudança que você gostaria de fazer na sua vida?
- Como você vai estar daqui a 20 anos se não conseguir realizar essa mudança que você quer?
- Quais são as suas alternativas? Quais são todas as potenciais consequências? (Uma das grandes causas do medo é justamente o desconhecido. Quanto mais você pensar sobre tudo o que pode acontecer, mais você tira o poder do medo.)

## Para desafiar paradigmas

- O problema está na etapa ou na forma como você se sente em relação a ela?
- Quais recursos você usou anteriormente e que você não está usando agora?
- Eu sei que você não sabe, mas e se você soubesse?
- Quais crenças você possui em relação a isso que podem ser questionáveis?

> **❶ Dica**
>
> O coach deve estudar essas perguntas e tê-las na ponta da língua, e irá se surpreender com a quantidade de oportunidades que terá para usá-las no atendimento.

# Conclusão

## Na prática

**MUITOS PROFISSIONAIS PERGUNTAM COMO** colocar este manual em prática no dia a dia. Existem várias maneiras de usar as técnicas apresentadas neste livro, e não é preciso fazer atendimentos semanais ou quinzenais para isso. No processo de coaching nutricional os atendimentos costumam ser semanais por um período de 3 meses, que pode variar.

No entanto, o objetivo do coaching é ajudar o cliente a desenvolver ferramentas e habilidades para que ele possa continuar seu caminho sozinho. O tal do "empoderamento" do cliente. Muitas vezes começa-se com sessões semanais que vão espaçando para cada 15 dias, 3 semanas e assim por diante. Mas, mesmo em consultas tradicionais, isto é, a cada 15 dias ou uma vez por mês, pode-se empregar essas técnicas, que aumentam a motivação do cliente, diminuem a resistência e promovem mudanças.

> **❶ Dica**
>
> Existem vários vídeos no Youtube que demonstram um atendimento de ambulatório de cerca de 10 a 15 minutos usando a técnica da entrevista motivacional. O profissional de saúde pode assistir a alguns desses vídeos para ver na prática como isso funciona.
>
> Um curso ou certificação em coaching que tenha no seu conteúdo programático parte prática de aplicação de ferramentas também ajuda bastante na formação de profissionais. Do contrário, é possível começar a usar as ferramentas primeiro no profissional para que depois elas sejam aplicadas em seus clientes.
>
> A questão do não julgamento, da escuta ativa, das perguntas abertas, por exemplo, podem (e deveriam) começar no dia a dia do coach. É incrível como até uma corrida de táxi pode ser uma oportunidade de praticar essas técnicas. E quanto mais elas são estudadas, praticadas, mais automáticas elas ficarão. O profissional deve se lembrar que é a mesma pessoa dentro e fora do trabalho. Se ele tem o hábito de fazer julgamentos no seu dia a dia, não será diferente com o seu cliente.

## Considerações finais

O **COACHING DE SAÚDE** individualizado auxilia as pessoas na adoção de um estilo de vida saudável, possibilitando evitar e controlar doenças. Há um consenso emergente entre as organizações profissionais, o poder público, os profissionais de saúde e os políticos em muitas nações de que os cuidados com a saúde requerem mudança substancial. Grande parte do dinheiro que é direcionada para tratar doenças associadas ao estilo de vida pouco saudável poderia ser salva se as empresas tivessem colaboradores cujos hábitos de vida fossem mais saudáveis.

No entanto, a forma, como os profissionais de saúde aprendem a trabalhar, pela solução dos problemas dentro de uma perspectiva intervencionista, não favorece o surgimento e a sustentação dos novos hábitos em pacientes. A própria maneira de se referir ao cliente, como paciente, favorece a ideia de que ele é passivo no processo.

Mudanças de comportamento relacionadas à saúde têm enorme potencial para reduzir a mortalidade, a morbidade e os custos dos cuidados de saúde, o que fornece ampla motivação para o conceito de medicina de estilo de vida, ou seja, a prática, com base em evidências, de ajudar os indivíduos e as famílias a adotar e manter comportamentos que podem melhorar a saúde e a qualidade de vida. O processo de coaching busca cumprir metas determinadas pelo próprio cliente, encorajar autodescobertas e incorporar mecanismos para responsabilizá-lo por suas atitudes.

Além disso, o coaching visa ajudar na organização de rotinas e prioridades, ao mesmo tempo que coloca o cliente no controle da sua saúde. Ao contrário das dietas nas formas convencionais, por exemplo, o que pode fazer as pessoas engordarem a longo prazo, o coaching nutricional parece promover a melhoria da composição corporal, as mudanças para estilos de vida benéficos e uma saúde melhor.

Por fim, com o intuito de estimular o leitor a começar a usar pelo menos uma dessas técnicas – seja de comunicação ou de motivação – na sua próxima consulta, apresentamos a seguinte frase: "feito é melhor do que perfeito". Sempre teremos a sensação de que falta mais técnica, mais um curso, mais um livro para ler antes de começar e, assim, não começamos nunca a pôr em prática essa nova forma de atender. Não é preciso nada de especial, não é preciso mudar completamente a forma com que o profissional atende, basta começar a pôr em prática essas técnicas agora, no modelo de consulta que já vem sendo utilizado hoje. O coach deve ficar atento para deixar o cliente falar pelo menos duas vezes a mais do que ele, e esse já será o começo da mudança.

Que este livro traga uma nova perspectiva ao atendimento de profissionais de saúde, auxiliando no processo de mudança para a vida das pessoas que cruzarem seus consultórios, clínicas, aulas ou vidas...

# Referências

ABREU, P. *Escolha sua vida*, Rio de Janeiro: Sextante, 2013. [e-book].

BOTELHO, R. *Motivational practice guidebook*. 2.ed. Nova York: MHH Publications, 2004.

CHRISTENSEN, C. *On managing yourself*. Harvard Business Review Press, Boston, 2010.

COVEY, S R. *Os Sete Hábitos das Pessoas Altamente Eficazes*. São Paulo: Free Pass, 1989.

CURY, A. *Ansiedade. Como enfrentar o mal do século*. São Paulo: Saraiva, 2013.

DEUTSCHMAN, A. *Mude ou morra*. Rio de Janeiro: Best Seller, 2007.

DORAN, G.T. There's a S.M.A.R.T. way to write management's goals and objectives. *Management Review*. v.70, n.11, 1981, p.35,36.

DUHIGG, C. *The power of habit. Why we do what we do and how to change*. Londres: Randon House Books, 2013.

FIELD, A.E.; AUSTIN, S.B.; TAYLOR, C.B.; et al. Relation between dieting and weight change among preadolescents and adolescents. *Pediatrics*. v.112, 2003, p.900-6.

FIELDS, A.; CHARLTON, J.; RUDSILL, C. et al. Probability of an obese person attaining normal body weight: Cohort study using electronic health records. *American Journal of Public Health*. v.105, 2015, p.e54-9.

FISHER, R. *Além da razão: a força da emoção na solução de conflitos*. Rio de Janeiro: Imago, 2009.

FISHER, R.; URY, W. *Como chegar ao sim: como negociar acordos sem fazer concessões*. 3.ed. Rio de Janeiro: Solomon, 2014.

HUFFINGTON, A. *A terceira medida do sucesso*. Rio de Janeiro: Sextante, 2014.

KABAT-ZINN, J. *Full catastrophe living* (revised edition). Nova York: Batan Books, 2013.

LANCHA, A.H.; SFORZO, G.A.; PEREIRA-LANCHA, L.O. Improving Nutritional Habits With No Diet Prescription: Details of a Nutritional Coaching Process. *American Journal of Lifestyle Medicine*, v.20, n.10, 2016.

LYNCH, J.J. *The broken heart: the medical consequences of loneliness*. Nova York: Basic Books, 1977.

MANN, T.; TOMIYAMA, A.J.; WESTLING, E.; et al. Medicare's search for effective obesity treatments: diets are not the answer. *American Psychologist*. v.62, 2007, p.220-33.

MITCHELL, C.W. *Effective techniques for dealing with highly resistant clients*. CW Mitchell Publishing, 2009.

MOKDAD, A.H.; MARKS, J.S.; STROUP, D.F.; et al. Actual causes of death in the United States, 2000. *Journal of the American Medical Association*. v.291, n.10, 2004, p.1238-45.

MOORE, M.; TSCHANNEN-MORAN, B. *Coaching psychology manual. Wellcoaches*. Baltimore: Lippincott Williams & Wilkins, 2010.

O'HARA, B.J.; PHONGSAVAN, P.; GEBEL, K.; BANOVIC, D.; BUFFETT, K.M.; BAUMAN, A.E. Longer term impact of the mass media campaign to promote the GetHealthy Information and Coaching Service®: increasing the saliency of a new public health program. *Health Promot Pract*. v.15, 2014, p.828-38.

O'NEIL, A.; HAWKES, A.L.; ATHERTON, J.J.; et al. Telephone-delivered health coaching improves anxiety outcomes after myocardial infarction: the 'ProActive Heart' trial. *European Journal of Cardiovascular Prevention & Rehabilitation*. v.21, 2014, p.30-8.

ORNISH, D. Avoiding revascularization with lifestyle changes: the multicenter lifestyle demonstration project. *Am J Cardiol.* v.26, n.82(10B), 1998.

POLIVY, J.; HERMAN, C. An evolutionary perspective on dieting. *Apettite*, v.47, p.30-35, 2006.

PROCHASKA, J.O.; NORCROSS, J.C.; DICLEMENTE, C.C. *Changing for good: a revolutionary six-stage program for overcoming bad habits and moving your life positively forward.* Nova York: Harper Collins, 1995.

RODIN, J.; LANGER, E.J. Long-term effects of a control-relevant intervention with the institutionalized aged. *Journal of Personality and Social Psychology.* v.35, n.12, 1977, p.897-902.

ROSENBERG, M. Comunicação não violenta: técnicas para aprimorar relacionamentos pessoais e profissionais. *São Paulo Agora*, 2006.

SAMUELSON, M.; CARMODY, J.; KABAT-ZINN, J.; et al. Mindfulness-Based Stress Reduction in Massachusetts Correctional Facilities. *The Prison Journal.* v.87, 2007, p.254-68.

[SBC] SOCIEDADE BRASILEIRA DE COACHING. Curso "Personal e professional coaching", 2014. [Material de curso].

SELIGMAN, M.E.P. *Authentic happiness: using the new positive psychology to realize your potential for lasting fulfillment.* Nova York: Atria Paperback, 2004.

STRONG, S.R.; MATROSS, R.P. Change processes in counseling and psychotherapy. *Journal of Counseling Psychology.* v.20, n.1, 1973, p.25-37.